不学《诗》
无以言

诗经

岁华 著

河北出版传媒集团
河北教育出版社

图书在版编目（CIP）数据

诗经岁华 / 河北教育出版社有限责任公司编. — 石家庄：河北教育出版社, 2024. 10. -- ISBN 978-7-5545-8952-6

Ⅰ . P195.2

中国国家版本馆CIP数据核字第2024NT4747号

书　　名 / 诗经岁华
　　　　　SHIJING SUIHUA

出版发行 / 河北出版传媒集团
　　　　　河北教育出版社　http://www.hbep.com
　　　　　（石家庄市联盟路705号　邮编 050061）
出 版 人 / 董素山
策　　划 / 汪雅瑛　姚运锋
责任编辑 / 马海霞　张　静
文　　字 / 王子龙
朗　　诵 / 白云出岫
音频编辑 / 赵彤彤　尹立英
美术编辑 / 郑子杰　边雪彤
装帧设计 / 北京颂雅风文化传媒有限责任公司
印　　刷 / 天津裕同印刷有限公司
开　　本 / 889mm×1194mm　1/32
印　　张 / 24
字　　数 / 118千字
版　　次 / 2024年10月第1版
印　　次 / 2024年10月第1次印刷
书　　号 / ISBN 978-7-5545-8952-6
定　　价 / 188.00元
版权所有　翻印必究

以《诗经》点缀岁华
让每天都充满诗意芳香

January

一月

壹

关雎　国风·周南

关关雎鸠，在河之洲。窈窕淑女，君子好逑。
参差荇菜，左右流之。窈窕淑女，寤寐求之。
求之不得，寤寐思服。悠哉悠哉，辗转反侧。
参差荇菜，左右采之。窈窕淑女，琴瑟友之。
参差荇菜，左右芼之。窈窕淑女，钟鼓乐之。

January
一月
1

窈窕淑女,君子好逑

窈窕跟苗条不一样,苗条专指身材,窈窕则指外形好、性格好。窈窕淑女是指不仅长得好看,且音容笑貌中还有一种让人无限神往的情态,那种生命的高雅,实际上就是气质。初见之时,便已触动执念,一首诗,一声叹,波澜了你我的人间。

葛覃 国风·周南

葛之覃兮,施于中谷,维叶萋萋。黄鸟于飞,集于灌木,其鸣喈喈。
葛之覃兮,施于中谷,维叶莫莫。是刈是濩,为絺为绤,服之无斁。
言告师氏,言告言归。薄污我私,薄浣我衣。害浣害否,归宁父母。

January
一月
2

宜沅宜否，归宁父母。

　　归宁的意义是带着最爱的人去见最亲的人。带着他回到家乡与亲朋们相聚，这天就像太阳一样普照余生："以后我们这个大家庭又多了一位爱我的人。"

卷耳 国风·周南

采采卷耳,不盈顷筐。嗟我怀人,寘彼周行。

陟彼崔嵬,我马虺隤。我姑酌彼金罍,维以不永怀。

陟彼高冈,我马玄黄。我姑酌彼兕觥,维以不永伤。

陟彼砠矣,我马瘏矣。我仆痡矣,云何吁矣。

January
一月
3

采采卷耳,不盈顷筐。嗟我怀人,寘彼周行。

采呀采呀采卷耳,半天来不满一小筐。想念我的心上人呀,浅筐丢在大路旁。时间会流逝,就像丢弃的浅筐,空间会改变,不再有采摘卷耳的匆忙,在时光之流中,只有真挚的爱是唯一的永恒。

樛木

国风·周南

南有樛木,葛藟累之。乐只君子,福履绥之。
南有樛木,葛藟荒之。乐只君子,福履将之。
南有樛木,葛藟萦之。乐只君子,福履成之。

January
一月
4

乐只君子,福履将之。乐只君子,福履成之。

先生要举办婚礼了,真是幸福快乐,上天也会降福保佑他,也会送上祝福,祝我们的谦谦君子新婚快乐。春风十里,贺卿良辰,平安喜乐,得偿所愿。我的朋友啊,愿你与所爱共白头。

螽斯

国风·周南

螽斯羽,诜诜兮。宜尔子孙,振振兮。
螽斯羽,薨薨兮。宜尔子孙,绳绳兮。
螽斯羽,揖揖兮。宜尔子孙,蛰蛰兮。

扫码听音频

January
一月
5

螽斯羽，诜诜兮　宜尔子孙，振振兮

　　小小的昆虫展翅聚集在一起，祝你有他们多子多孙、繁茂兴盛的日子。不禁祝愿你一生与心爱之人，春赏花、夏乘凉、秋登山、冬扫雪，风雨同舟，现世安稳，福泽子孙。

桃夭

国风·周南

桃之夭夭,灼灼其华。之子于归,宜其室家。
桃之夭夭,有蕡其实。之子于归,宜其家室。
桃之夭夭,其叶蓁蓁。之子于归,宜其家人。

January
一月
6

桃之夭夭，灼灼其华

盛放的桃花，光彩夺目，像极了绽放的青春，生机盎然。桃花怒放千万朵，鲜艳红似火。灼灼桃花三千里，不负韶华不负卿。

兔罝　国风·周南

肃肃兔罝，椓之丁丁。赳赳武夫，公侯干城。
肃肃兔罝，施于中逵。赳赳武夫，公侯好仇。
肃肃兔罝，施于中林。赳赳武夫，公侯腹心。

January
一月
7

赳赳武夫,公侯干城

雄赳赳气昂昂的武士,是公侯的好护卫!赳赳武夫阔步而来,踏出了生活的节奏。谁说生活没劲了,跑起来就有劲了。迈出第一步就是胜利,跑完最后一步便是凯旋。

芣苢 国风·周南

采采芣苢，薄言采之。采采芣苢，薄言有之。
采采芣苢，薄言掇之。采采芣苢，薄言捋之。
采采芣苢，薄言袺之。采采芣苢，薄言襭之。

扫码听音频

January
一月
8

采采芣苢，薄言采之

一望无际的车前子，在田野间、道路旁盛放。宽宽的叶子，多籽的茎。在春天里品茶写字，在芣苢中流连、挖野菜、转山踏青，整个人都是通透的。不负春光，才是好时光！

汉广 国风·周南

南有乔木,不可休思。汉有游女,不可求思。汉之广矣,不可泳思。江之永矣,不可方思。
翘翘错薪,言刈其楚。之子于归,言秣其马。汉之广矣,不可泳思。江之永矣,不可方思。
翘翘错薪,言刈其蒌。之子于归,言秣其驹。汉之广矣,不可泳思。江之永矣,不可方思。

January
一月
9

南有乔木，不可休思。汉有游女，不可求思。

南山的乔木大又高，树下不可歇阴凉。恰似汉水之上来游玩的姑娘，也不是轻易能追求的。我知道那不是我的月亮，但有一刻，月光确实照在了我的身上。

汝坟 国风·周南

遵彼汝坟,伐其条枚。未见君子,惄如调饥。
遵彼汝坟,伐其条肄。既见君子,不我遐弃。
鲂鱼赪尾,王室如毁。虽则如毁,父母孔迩。

扫码听音频

January
一月
10

既见君子,不我遐弃。

已经见到我的良人,他幸而没有嫌弃我。饮一杯白茶清欢无别事,我在等风也在等你。幸运的是,我等到了风,也等到了你。

麟之趾

国风·周南

麟之趾,振振公子,于嗟麟兮。
麟之定,振振公姓,于嗟麟兮。
麟之角,振振公族,于嗟麟兮。

扫码听音频

January
一月
11

麟之趾，振振公子，于嗟麟兮。

麒麟的角不伤人，仁厚有为的公族士子们，你们风度翩翩个个像麒麟！麒麟回头，万事不愁。它头上有角，角上有肉，孔武有力而不害人，麒麟，实为仁兽。

鹊巢 国风·召南

维鹊有巢,维鸠居之。之子于归,百两御之。
维鹊有巢,维鸠方之。之子于归,百两将之。
维鹊有巢,维鸠盈之。之子于归,百两成之。

January
一月
12

维鹊有巢,维鸠居之。之子于归,百两御之。

凤冠霞帔,红妆十里。一拜天地,二拜高堂,夫妻对拜,礼成。愿余生皆是你。

采蘩 国风·召南

于以采蘩?于沼于沚。于以用之?公侯之事。
于以采蘩?于涧之中。于以用之?公侯之宫。
被之僮僮,夙夜在公。被之祁祁,薄言还归。

January
一月
13

于以采蘋?于涧之中 于以用之?公侯之宫

春风十里,不如野菜半斤。那些自由生长在山野之间,吸取日月精华,采集天地灵气的绿色植物,在春天里等待着我们

草虫 国风·召南

喓喓草虫,趯趯阜螽。未见君子,忧心忡忡。亦既见止,亦既觏止,我心则降。

陟彼南山,言采其蕨。未见君子,忧心惙惙。亦既见止,亦既觏止,我心则说。

陟彼南山,言采其薇。未见君子,我心伤悲。亦既见止,亦既觏止,我心则夷。

January
一月
14

未见君子,忧心忡忡。
亦既见止,亦既觏止,我心则降。

去见想见的人,去做想做的事;去跨过山河大海,去奔赴诗和远方。生活总不会一帆风顺,波澜起伏倒也其乐无穷。

采蘋 国风·召南

于以采蘋?南涧之滨。于以采藻?于彼行潦。
于以盛之?维筐及筥。于以湘之?维锜及釜。
于以奠之?宗室牖下。谁其尸之?有齐季女。

January
一月
15

于以采蘋？南涧之滨　于以采藻？于彼行潦

蘋就是四叶草，象征吉祥。采蘋、采藻都是女子出嫁前在积极地置办嫁妆，为了幸福的婚后生活在努力奋斗。千年前，嫁妆是照她生命的一点精神之微光吧。祝她把日子过得鲜活且明亮，生活有暖意，万事皆美好。

甘棠 国风·召南

蔽芾甘棠,勿翦勿伐,召伯所茇。
蔽芾甘棠,勿翦勿败,召伯所憩。
蔽芾甘棠,勿翦勿拜,召伯所说。

January
一月
16

蔽芾甘棠,勿翦勿败,召伯所憩。

棠梨树葱茏茂盛,不要修剪莫要损毁,召公曾经在树下休息啊。且行且望且随风,且思且忆且从容。愿河清海晏,春日熙暖,岁时和丰,四海永平。

行露　国风·召南

厌浥行露,岂不夙夜?谓行多露。
谁谓雀无角?何以穿我屋?谁谓女无家?何以速我狱?虽速我狱,室家不足!
谁谓鼠无牙?何以穿我墉?谁谓女无家?何以速我讼?虽速我讼,亦不女从!

January
一月
17

谁谓雀无角？何以穿我屋？谁谓女无家？
何以速我狱？虽速我狱，室家不足！

　　谁说麻雀没有嘴？何以啄破我的屋？谁说你还没家室？为何抓我吃官司？即使抓我吃官司，逼婚理由不充足。所以，我真心愿你不要再委曲求全而看到一轮破碎的月亮了。愿你可以一路追寻自己的白月光，直至永恒。

羔羊

国风·召南

羔羊之皮,素丝五紽。退食自公,委蛇委蛇。
羔羊之革,素丝五緎。委蛇委蛇,自公退食。
羔羊之缝,素丝五总。委蛇委蛇,退食自公。

January
一月
18

羔羊之皮，素丝五纪。退食自公，委蛇委蛇。

身穿一件羔皮袄，素丝合缝真考究。退朝公署享佳肴，逍遥踱步慢悠悠。其实一个完美的人可以用一棵树来表示：树根是智慧和稳重，树茎是谦逊和不放逸，树枝是正直和坚定誓言。

殷其雷

国风·召南

殷其雷,在南山之阳。何斯违斯,莫敢或遑?振振君子,归哉归哉!
殷其雷,在南山之侧。何斯违斯,莫敢遑息?振振君子,归哉归哉!
殷其雷,在南山之下。何斯违斯,莫或遑处?振振君子,归哉归哉!

January
一月
19

振振君子,归哉归哉!

丈夫还没离开,妻子就说"归哉归哉",期盼他能够平平安安地回来,而不是嘱咐他在战场上奋勇杀敌、建功立业,因为只有生命是最珍贵的。人生永远有告别,但我们永远有期待。我的期待便是:早些回来。

摽有梅

国风·召南

摽有梅,其实七兮。求我庶士,迨其吉兮。
摽有梅,其实三兮。求我庶士,迨其今兮。
摽有梅,顷筐塈之。求我庶士,迨其谓之。

January
一月
20

摽有梅,其实七兮。求我庶士,迨其吉兮。

梅子熟了,纷纷落地,树上还留有七成。想求娶我的那个儿郎,请不要耽误良辰。《诗经》是生活的万花筒,保存着先民的风俗。原来,讲究礼法的他们也曾有过"狂放"的青春气息:树上的梅子熟了,我的爱人又在何处呢?

小星 国风·召南

嘒彼小星,三五在东。肃肃宵征,夙夜在公。寔命不同。

嘒彼小星,维参与昴。肃肃宵征,抱衾与裯。寔命不犹。

January
一月
21

肃肃宵征,夙夜在公。寔命不同。

真是匆匆忙忙赶夜路,早早晚晚在办公,实在是我的命不如人。肃肃宵征,匆匆赶路,无论白天黑夜。谁言时间无价?不过是以牛马之劳换取碎银几两罢了。

江有汜 国风·召南

江有汜,之子归,不我以。不我以,其后也悔。
江有渚,之子归,不我与。不我与,其后也处。
江有沱,之子归,不我过。不我过,其啸也歌。

January
一月
22

江有汜，之子归，不我以。不我以，其后也悔。

滔滔江水有长洲，心爱的人别处飞，从此不再需要我！没有我相伴相陪，终有一天你会懊悔。没有回音的山谷，不值得纵身一跃。

野有死麕　国风·召南

野有死麕,白茅包之。有女怀春,吉士诱之。
林有朴樕,野有死鹿。白茅纯束,有女如玉。
舒而脱脱兮!无感我帨兮!无使尨也吠!

January
一月
23

林有朴樕，野有死鹿。白茅纯束，有女如玉。

林中丛生小树木，山野里有只小死鹿，白茅捆扎献给谁，有位少女颜如玉。我要住进你的眼里，十二个月，月月沦陷，周而复始，生生不换。

何彼襛矣　国风·召南

何彼襛矣，唐棣之华。曷不肃雝，王姬之车。
何彼襛矣，华如桃李。平王之孙，齐侯之子。
其钓维何，维丝伊缗。齐侯之子，平王之孙。

January
一月
24

> 何彼秾矣,唐棣之华;何彼秾矣,华如桃李。

怎么如此地绚烂美丽?像盛开的棠棣花一样。怎么如此地浓艳漂亮?像桃李花开一样芬芳。你是远方云袭一袖的流光,是彻夜悬挂银河的星海,是岁月更迭始终如一的四季,是浮生春风乍起之处的桃源,是这世间万物平野山丘,是你的笑靥如花,而我的心声迢遥,偏又悸动不止。

驺虞

国风·召南

彼茁者葭，壹发五豝，于嗟乎驺虞！
彼茁者蓬，壹发五豵，于嗟乎驺虞！

扫码听音频

January
一月
25

彼茁者葭，壹发五豝，于嗟乎驺虞！

驺虞可以是猎人，可以是义兽，也可以是上古管理鸟兽的官。初生芦苇茂密繁盛，驺虞管理百兽家畜井井有条，猪妈妈一窝生出五只小猪来。哎呀，百姓有福了，真是天子的好兽官！

柏舟 国风·邶风

泛彼柏舟,亦泛其流。耿耿不寐,如有隐忧。微我无酒,以敖以游。
我心匪鉴,不可以茹。亦有兄弟,不可以据。薄言往愬,逢彼之怒。
我心匪石,不可转也。我心匪席,不可卷也。威仪棣棣,不可选也。
忧心悄悄,愠于群小。觏闵既多,受侮不少。静言思之,寤辟有摽。
日居月诸,胡迭而微?心之忧矣,如匪浣衣。静言思之,不能奋飞。

January
一月
26

我心匪石,不可转也。我心匪席,不可卷也。

当你保持足够的耐心,持续为一件事努力时,就会拥有从无到有、从低到高的收获。走向目标的路上,每一小步都很重要,不断去做事、去实践,你终会完成人生的进阶!

绿衣

国风·邶风

绿兮衣兮,绿衣黄里。心之忧矣,曷维其已!
绿兮衣兮,绿衣黄裳。心之忧矣,曷维其亡!
绿兮丝兮,女所治兮。我思古人,俾无訧兮。
絺兮绤兮,凄其以风。我思古人,实获我心。

January
一月
27

绿兮衣兮,绿衣黄里。心之忧矣,曷维其已!

绿衣裳啊绿衣裳,绿色面子黄里子,就像你的影子,一直在我心里,见到衣服心忧伤啊,不知什么时候才能停止对你的思念!这种感觉恰似千百年后的"十年生死两茫茫,不思量,自难忘"。

燕燕

国风·邶风

燕燕于飞,差池其羽。之子于归,远送于野。瞻望弗及,泣涕如雨。

燕燕于飞,颉之颃之。之子于归,远于将之。瞻望弗及,伫立以泣。

燕燕于飞,下上其音。之子于归,远送于南。瞻望弗及,实劳我心。

仲氏任只,其心塞渊。终温且惠,淑慎其身。先君之思,以勖寡人。

January
一月
28

燕燕于飞,颉之颃之。

　　燕子双双飞上天,舞动着翅膀,颉颃而去,不分不离。从此燕燕双飞,就成为永恒的意象。尽情飞舞吧,人生虽有离别日,山水应有相逢时。

日月

国风·邶风

日居月诸,照临下土。乃如之人兮,逝不古处。胡能有定?宁不我顾。
日居月诸,下土是冒。乃如之人兮,逝不相好。胡能有定?宁不我报。
日居月诸,出自东方。乃如之人兮,德音无良。胡能有定?俾也可忘。
日居月诸,东方自出。父兮母兮,畜我不卒。胡能有定?报我不述。

扫码听音频

January
一月
29

日居月诸,照临下土。

太阳月亮放光芒,光明普照大地上。大地苍茫,日月辉光朗照万物,看遍花落花开。寄语人间:相逢终有时,聚散本无意,日月光华,旦复旦兮。

终风

国风·邶风

终风且暴,顾我则笑。谑浪笑敖,中心是悼。
终风且霾,惠然肯来。莫往莫来,悠悠我思。
终风且曀,不日有曀。寤言不寐,愿言则嚏。
曀曀其阴,虺虺其雷。寤言不寐,愿言则怀。

January
一月
30

> 终风且暴，顾我则笑。

大风既起狂又暴，他对我就像这终风一般，侮弄又调笑，喜怒无常。人应该学会自我成长、自我成全，任何时候，都不要把自己微笑的权利交给别人。

击鼓

国风·邶风

击鼓其镗,踊跃用兵。土国城漕,我独南行。
从孙子仲,平陈与宋。不我以归,忧心有忡。
爰居爰处,爰丧其马。于以求之?于林之下。
死生契阔,与子成说。执子之手,与子偕老。
于嗟阔兮,不我活兮!于嗟洵兮,不我信兮!

扫码听音频

January
一月
31

执子之手,与子偕老

紧紧握住你的手,希望和你一直走下去,慢慢变老。我想对你说:吾爱有三,日月与卿,日为朝,月为暮,卿为朝朝暮暮。

February
二月
贰

凯风

国风·邶风

凯风自南,吹彼棘心。棘心夭夭,母氏劬劳。
凯风自南,吹彼棘薪。母氏圣善,我无令人。
爰有寒泉,在浚之下。有子七人,母氏劳苦。
睍睆黄鸟,载好其音。有子七人,莫慰母心。

February
二月
1

有子七人,莫慰母心

儿子有七个,不能慰藉母亲的心。孩子长大了,谁知道亏欠母亲多少?妈妈做的饭,才是永远也吃不腻的人间浪漫。

雄雉 国风·邶风

雄雉于飞,泄泄其羽。我之怀矣,自诒伊阻。
雄雉于飞,下上其音。展矣君子,实劳我心。
瞻彼日月,悠悠我思。道之云远,曷云能来?
百尔君子,不知德行。不忮不求,何用不臧?

February
二月
2

不忮不求,何用不臧?

人生短短三万天,借副皮囊而已,空空来,空空去,何须执念?百年后,既无我,也无你。

匏有苦叶　国风·邶风

匏有苦叶，济有深涉。深则厉，浅则揭。
有弥济盈，有鷕雉鸣。济盈不濡轨，雉鸣求其牡。
雍雍鸣雁，旭日始旦。士如归妻，迨冰未泮。
招招舟子，人涉卬否。人涉卬否，卬须我友。

February
二月
3

招招舟子，人涉卬否。人涉卬否，卬须我友。

船夫挥手频招呼，马上要开船了，我告诉船夫：你们上船吧，我不争着渡河。为什么别人渡河我不争，那是因为我有要等的人啊。生活有望穿秋水的等待，也会有意想不到的惊喜。所以，莫心急，耐心等待。

谷风（一） 国风·邶风

习习谷风,以阴以雨。黾勉同心,不宜有怒。
采葑采菲,无以下体?德音莫违,及尔同死。
行道迟迟,中心有违。不远伊迩,薄送我畿。
谁谓荼苦?其甘如荠。宴尔新昏,如兄如弟。
泾以渭浊,湜湜其沚。宴尔新昏,不我屑以。
毋逝我梁,毋发我笱。我躬不阅,遑恤我后!

February
二月
4

谁谓茶苦？其甘如荠。

茶不苦，它甘如荠。世界上只有一种英雄主义，那就是在认清生活的真相后，依然热爱生活。

谷风(二) 国风·邶风

就其深矣,方之舟之。就其浅矣,泳之游之。何有何亡,黾勉求之。凡民有丧,匍匐救之。不我能慉,反以我为雠。既阻我德,贾用不售。昔育恐育鞫,及尔颠覆。既生既育,比予于毒。我有旨蓄,亦以御冬。宴尔新昏,以我御穷。有洸有溃,既诒我肄。不念昔者,伊余来塈。

扫码听音频

February
二月
5

我有旨蓄,亦以御冬

我可以自食其力,足以抵御寒冬 盛不盛开,花都是花;有你没你,我都是我 我生以悦我,而非为他人所困

式微 国风·邶风

式微式微,胡不归?微君之故,胡为乎中露?
式微式微,胡不归?微君之躬,胡为乎泥中?

February
二月
6

式微式微,胡不归?

还不回来?还不回来?城南花已开,雾隐楼台,日日长守长相待,盼君可归来

旄丘　国风·邶风

旄丘之葛兮,何诞之节兮。叔兮伯兮,何多日也?
何其处也?必有与也!何其久也?必有以也!
狐裘蒙戎,匪车不东。叔兮伯兮,靡所与同。
琐兮尾兮,流离之子。叔兮伯兮,褎如充耳。

February
二月
7

龙丘之蕙兮,何诞之节兮.

花开花谢,什么时候才是应开放的时节?春天完成了花事,离去了,而我承载着落花,在等待和流连.

简兮 国风·邶风

简兮简兮,方将万舞。日之方中,在前上处。
硕人俣俣,公庭万舞。有力如虎,执辔如组。
左手执籥,右手秉翟。赫如渥赭,公言锡爵。
山有榛,隰有苓。云谁之思?
西方美人。彼美人兮,西方之人兮。

扫码听音频

February
二月
8

赫如渥赭,公言锡爵。

美酒的颜色红如浓润的赭石,这是公侯赐予的一爵酒,装满了荣耀。请你满饮此爵,你的风采和功绩配得上这爵荣耀之酒,邮艳独绝,世无其二。

泉水　国风·邶风

毖彼泉水,亦流于淇。有怀于卫,靡日不思。娈彼诸姬,聊与之谋。
出宿于泲,饮饯于祢。女子有行,远父母兄弟。问我诸姑,遂及伯姊。
出宿于干,饮饯于言。载脂载舝,还车言迈。遄臻于卫,不瑕有害?
我思肥泉,兹之永叹。思须与漕,我心悠悠。驾言出游,以写我忧。

February
二月
9

毖彼泉水，亦流于淇。有怀于卫，靡日不思。

泉水泪泪川流不息，流遍山川最终还会回归淇水。卫国的淇水畔就是我的故乡，我却没有一天不在念想。风吹过碾碎满地的思念，雨落下敲碎昨夜的梦，回不去的地方叫作故乡。

北门

国风·邶风

出自北门,忧心殷殷。终窭且贫,莫知我艰。已焉哉!天实为之,谓之何哉!
王事适我,政事一埤益我。我入自外,室人交遍谪我。已焉哉!天实为之,谓之何哉!
王事敦我,政事一埤遗我。我入自外,室人交遍摧我。已焉哉!天实为之,谓之何哉!

February
二月
10

出自北门,忧心殷殷 终窭且贫,莫知我艰。

我从北门出城去,心中烦闷多忧伤 既受困窘又贫寒,没人知我多艰难。无论何时,我们虽穷益坚、不坠青云之志!

北风

国风·邶风

北风其凉,雨雪其雱。惠而好我,携手同行。其虚其邪?既亟只且!
北风其喈,雨雪其霏。惠而好我,携手同归。其虚其邪?既亟只且!
莫赤匪狐,莫黑匪乌。惠而好我,携手同车。其虚其邪?既亟只且!

February
二月
11

患而好我,携手同行

你和我是好朋友,携起手来一起走。山河不足重,重在遇知己。你在,胜过千万个泛泛之交。

静女

国风·邶风

静女其姝,俟我于城隅。爱而不见,搔首踟蹰。
静女其娈,贻我彤管。彤管有炜,说怿女美。
自牧归荑,洵美且异。匪女之为美,美人之贻。

February
二月
12

静女其姝,俟我于城隅。爱而不见,搔首踟蹰。

娴静的姑娘真美丽,约我等在城上的角楼处。故意躲我见不到,急得我挠头只徘徊。多么生动的《诗经》爱恋,我愿意在有限的时间里无限地爱着你。世事千帆过,前方终会是温柔和月光。

新台 国风·邶风

新台有泚,河水弥弥。燕婉之求,籧篨不鲜。
新台有洒,河水浼浼。燕婉之求,籧篨不殄。
鱼网之设,鸿则离之。燕婉之求,得此戚施。

February
二月
13

新台有泚，河水弥弥。燕婉之求，籧篨不鲜。

新台明丽又辉煌，河水洋洋东流淌。本想嫁个如意郎，却是丑汉蛤蟆样。别老把脚尖踮起，也不要眼高于顶，爱自有天意。

二子乘舟　国风·邶风

二子乘舟，泛泛其景。愿言思子，中心养养！
二子乘舟，泛泛其逝。愿言思子，不瑕有害！

February
二月
14

二子乘舟,泛泛其逝。愿言思子,不瑕有害!

两人乘着船走了,船儿渐渐隐没身影。思念你们啊,盼你们切莫遭遇灾祸!愿你至此远行坦荡,衣襟生香。在未来年岁与前行征途中肆意穿行,只手摘星,遇见自己的月亮。

柏舟 国风·鄘风

泛彼柏舟,在彼中河。髧彼两髦,实维我仪。之死矢靡它。母也天只!不谅人只!

泛彼柏舟,在彼河侧。髧彼两髦,实维我特。之死矢靡慝。母也天只!不谅人只!

扫码听音频

February
二月
15

泛彼柏舟,在彼中河。髧彼两髦,实维我仪。

柏木小船在漂荡,漂泊荡漾河中央。垂发齐眉少年郎,是我心中好对象。或许神明不估,星辰晦暗,少年在,光和救赎就在。换句话说,只要你在,我就爱这人间。

墙有茨

国风·鄘风

墙有茨,不可扫也。中冓之言,不可道也。所可道也,言之丑也。
墙有茨,不可襄也。中冓之言,不可详也。所可详也,言之长也。
墙有茨,不可束也。中冓之言,不可读也。所可读也,言之辱也。

February
二月
16

墙有茨,不可扫也.

墙头有草,不好清扫。山高自有可行路,水深自有渡船人。洁身自好,绝对理智,永远温柔,永远清醒。

君子偕老 国风·鄘风

君子偕老,副笄六珈。委委佗佗,如山如河,象服是宜。子之不淑,云如之何?

玼兮玼兮,其之翟也。鬒发如云,不屑髢也。玉之瑱也,象之揥也,扬且之皙也。胡然而天也?胡然而帝也?

瑳兮瑳兮,其之展也。蒙彼绉絺,是绁袢也。子之清扬,扬且之颜也。展如之人兮,邦之媛也!

February
二月
17

展如之人兮,邦之媛也!

一位风姿绰约的贵夫人,可叹了她如飘萍般的命运 恰似那位倾城倾国的佳人,一顾倾人城,再顾倾人国

桑中 国风·鄘风

爰采唐矣?沬之乡矣。云谁之思?美孟姜矣。
期我乎桑中,要我乎上宫,送我乎淇之上矣。
爰采麦矣?沬之北矣。云谁之思?美孟弋矣。
期我乎桑中,要我乎上宫,送我乎淇之上矣。
爰采葑矣?沬之东矣。云谁之思?美孟庸矣。
期我乎桑中,要我乎上宫,送我乎淇之上矣。

February
二月
18

爱采唐矣？沬之乡矣。云谁之思？美孟姜矣。
期我乎桑中，要我乎上宫，送我乎淇之上矣。

到哪儿去采女萝？到那卫国的沬乡。我的心中在想谁？窈窕淑女她姓姜。约我等待在桑中，邀我相会在上宫，送我远到淇水旁。相逢是春天遗落的一个斑斓记号，蔷薇跌落的喧嚣寰宇里，我们的相遇从来不止一段夏日痕迹。

鹑之奔奔

国风·鄘风

鹑之奔奔,鹊之彊彊。人之无良,我以为兄!
鹊之彊彊,鹑之奔奔。人之无良,我以为君!

February
二月
19

鹑之奔奔,鹊之彊彊。

鹌鹑尚且双双游,喜鹊也是成双对。强强飞翔,出双入对,春来夏往,秋收冬藏,我和你来日方长。

定之方中

国风·鄘风

定之方中,作于楚宫。揆之以日,作于楚室。树之榛栗,椅桐梓漆,爰伐琴瑟。

升彼虚矣,以望楚矣。望楚与堂,景山与京。降观于桑,卜云其吉,终焉允臧。

灵雨既零,命彼倌人。星言夙驾,说于桑田。匪直也人,秉心塞渊。骒牝三千。

扫码听音频

February
二月
20

卜云其吉,终焉允臧。

求神占卜显吉兆,结果必然很安康。心存希冀,追光而遇;目有繁星,沐光而行。

蝃蝀 国风·鄘风

蝃蝀在东,莫之敢指。女子有行,远父母兄弟。
朝隮于西,崇朝其雨。女子有行,远兄弟父母。
乃如之人也,怀昏姻也。大无信也,不知命也!

February
二月
21

女子有行,远兄弟父母

女子出嫁到别国,远离了父母和兄弟。但家人闲坐,三餐四季,看似平凡,却也欢喜。

相鼠

国风·鄘风

相鼠有皮,人而无仪!人而无仪,不死何为?
相鼠有齿,人而无止!人而无止,不死何俟?
相鼠有体,人而无礼!人而无礼,胡不遄死?

February
二月
22

相鼠有皮，人而无仪！人而无仪，不死何为？

唯愿少年永怀初心与赤诚，坦坦荡荡不落俗；唯愿世界永远慷慨且善良，明察秋毫不辜负；唯愿所有后来者皆能一如既往，争先恐后奔向自己之理想，功不唐捐、玉汝于成，终成国家之栋梁。

干旄

国风·鄘风

孑孑干旄,在浚之郊。素丝纰之,良马四之。彼姝者子,何以畀之?
孑孑干旟,在浚之都。素丝组之,良马五之。彼姝者子,何以予之?
孑孑干旌,在浚之城。素丝祝之,良马六之。彼姝者子,何以告之?

February

二月

23

孑孑干旌,在浚之城 素丝祝之,良马六之
彼姝者子,何以告之?

鸟羽旗帜高高飘,人马来到浚城郊 束帛捆捆堆得好,良马六匹真不少 那位忠顺的贤士,有何良策来回报?国有贤良之士众,则国家之治厚

载驰 国风·鄘风

载驰载驱,归唁卫侯。驱马悠悠,言至于漕。大夫跋涉,我心则忧。
既不我嘉,不能旋反。视尔不臧,我思不远。既不我嘉,不能旋济?视尔不臧,我思不閟。
陟彼阿丘,言采其蝱。女子善怀,亦各有行。许人尤之,众稚且狂。
我行其野,芃芃其麦。控于大邦,谁因谁极?
大夫君子,无我有尤。百尔所思,不如我所之。

February
二月
24

大夫君子,无我有尤。百尔所思,不如我所之。

大夫君子们,不要对我生忧怨,我要去追求我所爱,你们纵有千条妙计,不如我亲自跑一趟。我生来便有分量,半是刀锋,半是丝柔。此女是我的偏旁,也是我此生不朽的勋章。

淇奥
国风·卫风

瞻彼淇奥,绿竹猗猗。有匪君子,如切如磋,如琢如磨。瑟兮僩兮,赫兮咺兮。有匪君子,终不可谖兮。
瞻彼淇奥,绿竹青青。有匪君子,充耳琇莹,会弁如星。瑟兮僩兮,赫兮咺兮。有匪君子,终不可谖兮。
瞻彼淇奥,绿竹如箦。有匪君子,如金如锡,如圭如璧。宽兮绰兮,猗重较兮。善戏谑兮,不为虐兮。

February
二月
25

> 有匪君子,如切如磋,如琢如磨。

　　风雅的先生是位谦谦君子,学问切磋更精湛,品德琢磨更良善。陌上人如玉,公子世无双。跋山涉水,步履不停,山高水长,映照初心。

考槃　国风·卫风

考槃在涧，硕人之宽。独寐寤言，永矢弗谖。
考槃在阿，硕人之薖。独寐寤歌，永矢弗过。
考槃在陆，硕人之轴。独寐寤宿，永矢弗告。

扫码听音频

February
二月
26

独寐寤言,永矢弗谖。

或许是春风临时起意,又或许是旷野略显孤寂,当然,也可能是生活变本加厉,抑或是不愿再为了几两碎银甘之如饴,要解脱,要逃离,要奔赴,要盛放,要欢喜……去拥抱只属于自己的热烈夏季,怎么能不酣畅淋漓!

氓(一)

国风·卫风

氓之蚩蚩,抱布贸丝。匪来贸丝,来即我谋。送子涉淇,至于顿丘。匪我愆期,子无良媒。将子无怒,秋以为期。

乘彼垝垣,以望复关。不见复关,泣涕涟涟。既见复关,载笑载言。尔卜尔筮,体无咎言。以尔车来,以我贿迁。

桑之未落,其叶沃若。于嗟鸠兮,无食桑葚!于嗟女兮,无与士耽!士之耽兮,犹可说也。女之耽兮,不可说也。

February
二月
27

士之耽兮,犹可说也。女之耽兮,不可说也。

亲爱的姑娘,人生这条路,怎么选都有遗憾,请永远爱自己,我们都要成为幸福的人。

氓（二）　国风·卫风

桑之落矣，其黄而陨。自我徂尔，三岁食贫。淇水汤汤，渐车帷裳。
女也不爽，士贰其行。士也罔极，二三其德。
三岁为妇，靡室劳矣。夙兴夜寐，靡有朝矣。言既遂矣，至于暴矣。
兄弟不知，咥其笑矣。静言思之，躬自悼矣。
及尔偕老，老使我怨。淇则有岸，隰则有泮。总角之宴，言笑晏晏。
信誓旦旦，不思其反。反是不思，亦已焉哉！

February
二月
28

反是不思,亦已焉哉!

不要再回想背弃誓言之事了,既已终结便罢休吧!重新开始,一切过往,皆为序章。我生以悦我,而非他人所囿。

March

三月

叁

硕人

国风·卫风

硕人其颀,衣锦褧衣。齐侯之子,卫侯之妻。东宫之妹,邢侯之姨,谭公维私。

手如柔荑,肤如凝脂。领如蝤蛴,齿如瓠犀。螓首蛾眉,巧笑倩兮,美目盼兮。

硕人敖敖,说于农郊。四牡有骄,朱幩镳镳。翟茀以朝。大夫夙退,无使君劳。

河水洋洋,北流活活。施罛濊濊,鳣鲔发发。葭菼揭揭,庶姜孽孽,庶士有朅。

March
三月
1

巧笑倩兮，美目盼兮。

嫣然一笑动人心，秋波一转摄人魂。你的温柔，带着光，沿着发际可以泻下银河的全长，给我全宇宙的光亮。

竹竿　国风·卫风

籊籊竹竿,以钓于淇。岂不尔思?远莫致之。
泉源在左,淇水在右。女子有行,远兄弟父母。
淇水在右,泉源在左。巧笑之瑳,佩玉之傩。
淇水滺滺,桧楫松舟。驾言出游,以写我忧。

March
三月
2

籊籊竹竿,以钓于淇

淇水悠悠,情韵绵长。钓鱼竹竿细又长,曾经在淇水上垂钓。后来重温往事,方觉岁月如风。

芄兰

国风·卫风

芄兰之支,童子佩觿。虽则佩觿,能不我知。容兮遂兮,垂带悸兮。

芄兰之叶,童子佩韘。虽则佩韘,能不我甲。容兮遂兮,垂带悸兮。

March
三月
3

芄兰之叶，童子佩韘。虽则佩韘，能不我甲。

韘是用玉或象骨制的钩弦用具，套于右手拇指，射箭时用于钩弦拉弓，即扳指。芄兰枝上叶弯弯，小小童子佩戴韘。虽然你已佩戴韘，但也不要来亲近。我怕他出现，怕他不出现，怕他看我，更怕他不看我……

河广

国风·卫风

谁谓河广?一苇杭之。谁谓宋远?跂予望之。
谁谓河广?曾不容刀。谁谓宋远?曾不崇朝。

March
三月
4

谁谓河广？一苇杭之。

谁说黄河宽，我们乘一苇叶就可以航过去！乘风好去，长空万里，直下看山河。

伯兮

国风·卫风

伯兮揭兮,邦之桀兮。伯也执殳,为王前驱。
自伯之东,首如飞蓬。岂无膏沐,谁适为容?
其雨其雨,杲杲出日。愿言思伯,甘心首疾。
焉得谖草,言树之背。愿言思伯,使我心痗。

March
三月
5

自伯之东，首如飞蓬。岂无膏沐，谁适为容？

自你东行后，我的头发散乱像飞蓬。并非没有膏沐以妆饰仪容，只是你远征在外，即使精心地打扮，又给谁看呢？我看什么都像你，我看月亮，像你；看星星，也像你。那些白亮透澈、温柔冷清的光，它们都让我想起你

有狐

国风·卫风

有狐绥绥,在彼淇梁。心之忧矣,之子无裳。
有狐绥绥,在彼淇厉。心之忧矣,之子无带。
有狐绥绥,在彼淇侧。心之忧矣,之子无服。

March
三月
6

有狐绥绥,在彼淇梁。心之忧矣,之子无裳。

我会在月光下看你,会在四下无人的夜偷偷念你,会在黎明破晓时想你。你呢?有没有片刻想起我的好。

木瓜 国风·卫风

投我以木瓜,报之以琼琚。匪报也,永以为好也!
投我以木桃,报之以琼瑶。匪报也,永以为好也!
投我以木李,报之以琼玖。匪报也,永以为好也!

March
三月
7

投我以木瓜，报之以琼琚。
投我以木桃，报之以琼瑶。

不要对别人的付出习以为常、熟视无睹，受人恩惠不是美德，报恩才是。木桃琼瑶，无分贵贱，唯乎一心。

黍离 国风·王风

彼黍离离,彼稷之苗。行迈靡靡,中心摇摇。知我者,谓我心忧;不知我者,谓我何求。悠悠苍天,此何人哉?
彼黍离离,彼稷之穗。行迈靡靡,中心如醉。知我者,谓我心忧;不知我者,谓我何求。悠悠苍天,此何人哉?
彼黍离离,彼稷之实。行迈靡靡,中心如噎。知我者,谓我心忧;不知我者,谓我何求。悠悠苍天,此何人哉?

March
三月
8

彼黍离离,彼稷之苗 行迈靡靡,中心摇摇

有那黍子一行行,高粱苗儿也在长 走上故土脚步缓,心里只有忱和伤 把酒喝成故乡的月色,把空瓶塑成一座荒岛 饮尽一条条江河,你醉成漫天风浪

君子于役

国风·王风

君子于役,不知其期。曷至哉?
鸡栖于埘,日之夕矣,羊牛下来。
君子于役,如之何勿思!
君子于役,不日不月。曷其有佸?
鸡栖于桀,日之夕矣,羊牛下括。
君子于役,苟无饥渴!

March
三月
9

君子于役，不知其期

　　我的爱人远行，而归期未定。长夜难眠，思君之意如满月，夜夜减清辉。独坐幽间，心中满是离愁别绪。窗外秋雨绵绵，更添了几分凄凉。愿君早日归来，重拾往日温情，共度良辰美景。

君子阳阳

国风·王风

君子阳阳,左执簧,右招我由房,其乐只且!
君子陶陶,左执翿,右招我由敖,其乐只且!

March
三月
10

君子阳阳,左执簧,右招我由房,其乐只且!

舞师喜洋洋,左手握笙簧,右手招我演奏"由房"。我的心里乐又爽,愿你余生:有人共舞,也能独自翩翩而唱。

扬之水

国风·王风

扬之水,不流束薪。彼其之子,不与我戍申。怀哉怀哉,曷月予还归哉?

扬之水,不流束楚。彼其之子,不与我戍甫。怀哉怀哉,曷月予还归哉!

扬之水,不流束蒲。彼其之子,不与我戍许。怀哉怀哉,曷月予还归哉!

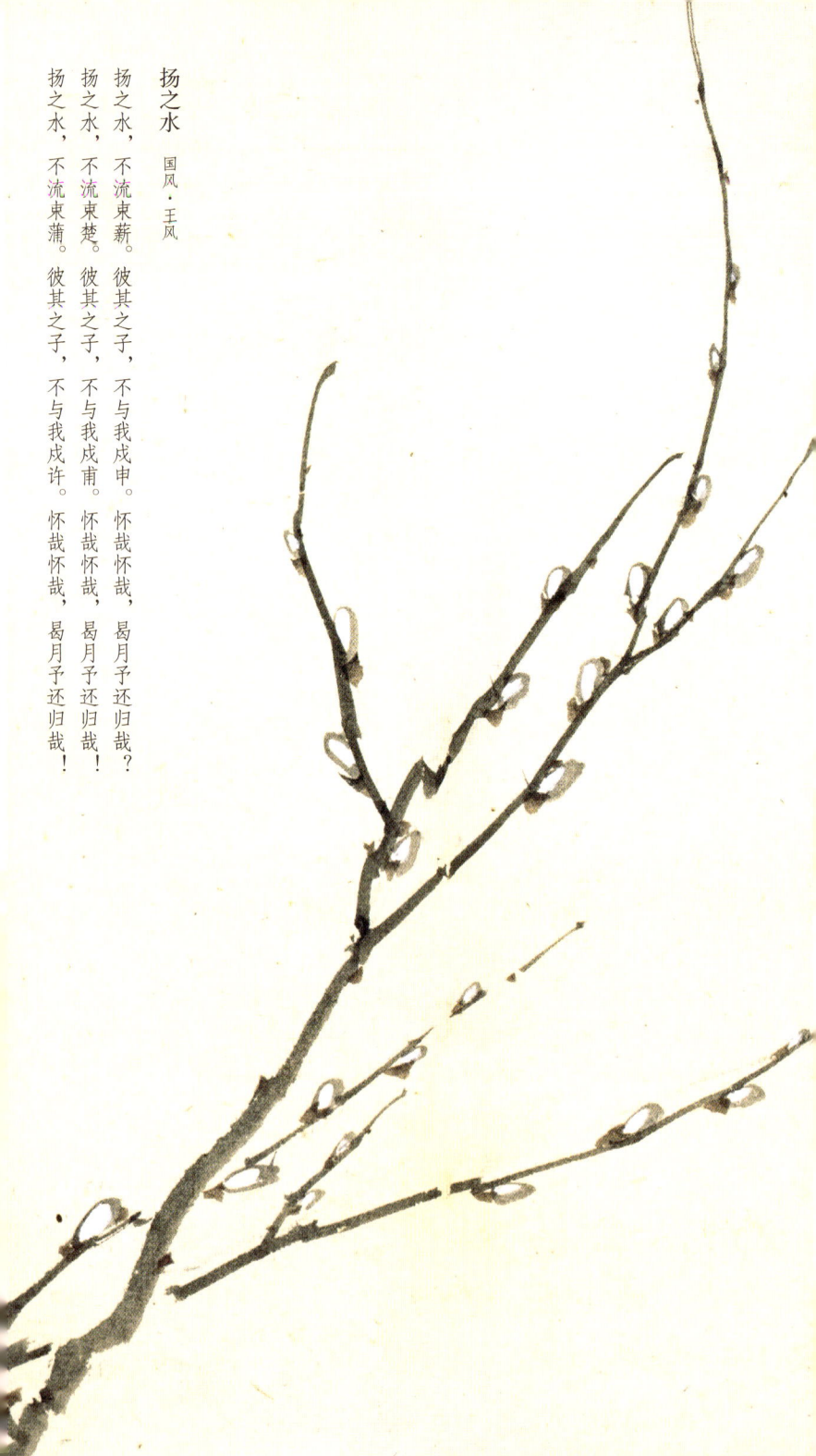

March
三月
11

扬之水,不流束薪

水流无法冲走成捆的柴草,战士们思念家人的心情如同沉重的柴草,无法被流水带走。恰似浊酒一杯家万里,燕然未勒归无计,人不寐,将军白发征夫泪。

中谷有蓷

国风·王风

中谷有蓷,暵其干矣。有女仳离,嘅其叹矣。嘅其叹矣,遇人之艰难矣!
中谷有蓷,暵其脩矣。有女仳离,条其啸矣。条其啸矣,遇人之不淑矣!
中谷有蓷,暵其湿矣。有女仳离,啜其泣矣。啜其泣矣,何嗟及矣!

March
三月
12

条其啸矣,遇人之不淑矣!

红尘初见,错付了流年。曾以为你是那渡我的舟,却不想是一场无妄之灾。原来情深缘浅,不过是一场镜花水月。

兔爰　国风·王风

有兔爰爰，雉离于罗。我生之初，尚无为。我生之后，逢此百罹。尚寐无吪！
有兔爰爰，雉离于罦。我生之初，尚无造。我生之后，逢此百忧。尚寐无觉！
有兔爰爰，雉离于罿。我生之初，尚无庸。我生之后，逢此百凶。尚寐无聪！

March
三月
13

> 有兔爰爰，雉离于罗。

人生不如意十有八九，哪能够事事都顺心如意。久经沉睡的梦啊，只要你不断浇灌总会萌芽，你要相信那些无人问津的沉默岁月都是往后涅槃重生的铺垫。

葛藟　国风·王风

绵绵葛藟，在河之浒。终远兄弟，谓他人父。
谓他人父，亦莫我顾。
绵绵葛藟，在河之涘。终远兄弟，谓他人母。
谓他人母，亦莫我有。
绵绵葛藟，在河之漘。终远兄弟，谓他人昆。
谓他人昆，亦莫我闻。

March
三月
14

绵绵葛藟，在河之浒　终远兄弟，谓他人父。

  天上依然看不到星星，只有半个月牙挂在大厦的顶端，好像一颗夜明珠，时而又躲进云层里。而这硕大的城市里，生活着多少漂泊在异乡的人儿，又有多少和我一起晤月思乡，这座城市成就了多少人的梦想，又有多少人的梦被现实踩碎……

采葛　国风·王风

彼采葛兮，一日不见，如三月兮！
彼采萧兮，一日不见，如三秋兮！
彼采艾兮，一日不见，如三岁兮！

March
三月
15

一日不见，如三秋兮！

　　一日不见，竟若隔三秋之久！晨起望窗外，云淡风轻，却无君音信，心中空落，似秋水长天一色，寂寥无边。忆往昔，共赏花开花落，同观云卷云舒，而今独留一人，面对庭前花开花落。世间情深缘浅，最怕情深不寿。唯愿君心似我心，共度这漫漫岁月。

大车　国风·王风

大车槛槛,毳衣如菼。岂不尔思?畏子不敢。
大车啍啍,毳衣如璊。岂不尔思?畏子不奔。
榖则异室,死则同穴。谓予不信,有如皦日。

March
三月
16

大车槛槛,毳衣如菼。岂不尔思?畏子不敢。

世态炎凉,人情薄纸,我惧怕一腔深情化为泡影,更怕世俗目光如利剑穿心。故而只能将这份酸涩藏于心底,化作诗行字句,独自在无人问津的夜晚,轻轻吟唱那一曲未完的相思调。

丘中有麻 国风·王风

丘中有麻,彼留子嗟。彼留子嗟,将其来施。
丘中有麦,彼留子国。彼留子国,将其来食。
丘中有李,彼留之子。彼留之子,贻我佩玖。

March
三月
17

彼留子嗟，将其来施施

当你向我走来，沿途的风景仿佛都被温柔的光芒所包围。每一步都似乎踏着暖阳，洒下的光辉不仅照亮了脚下的路，也温暖了四周的一切景色。你的到来，就像一缕春风拂过冬日的湖面，让万物复苏，生机盎然。

缁衣 国风·郑风

缁衣之宜兮,敝,予又改为兮。适子之馆兮,还,予授子之粲兮。
缁衣之好兮,敝,予又改造兮。适子之馆兮,还,予授子之粲兮。
缁衣之席兮,敝,予又改作兮。适子之馆兮,还,予授子之粲兮。

March
三月
18

缁衣之宜兮,敝,予又改为兮

夫君这件黑衣服真是太帅了,就算穿旧了,我也要自己动手改造,让它变得跟新的一样!

将仲子

国风·郑风

将仲子兮,无逾我里,无折我树杞。岂敢爱之?畏我父母。仲可怀也,父母之言,亦可畏也。

将仲子兮,无逾我墙,无折我树桑。岂敢爱之?畏我诸兄。仲可怀也,诸兄之言,亦可畏也。

将仲子兮,无逾我园,无折我树檀。岂敢爱之?畏人之多言。仲可怀也,人之多言,亦可畏也。

March
三月
19

仲可怀也，人之多言，亦可畏也。

哎呀，仲子啊，你真的是让我好想好想！可是呢，周围的八卦小能手们太厉害了，他们的闲言碎语真是让人头疼，简直不能放肆地想念你啊！

叔于田

国风·郑风

叔于田,巷无居人。岂无居人?不如叔也。洵美且仁。

叔于狩,巷无饮酒。岂无饮酒?不如叔也。洵美且好。

叔适野,巷无服马。岂无服马?不如叔也。洵美且武。

March
三月
20

岂无居人？不如叔也。洵美且仁。

咱们村子里难道真没人了吗？哎呀，其实也不是，但说实话，都没法跟我叔比！他不仅长得超帅，心地还特别好，简直就是村里的男神加好人卡啊！

大叔于田 国风·郑风

叔于田,乘乘马,执辔如组,两骖如舞。叔在薮,火烈具举。
襢裼暴虎,献于公所。将叔无狃,戒其伤女。
叔于田,乘乘黄。两服上襄,两骖雁行。叔在薮,火烈具扬。
叔善射忌,又良御忌。抑磬控忌,抑纵送忌。
叔于田,乘乘鸨。两服齐首,两骖如手。叔在薮,火烈具阜。
叔马慢忌,叔发罕忌。抑释掤忌,抑鬯弓忌。

March
三月
21

叔于田,乘乘马,执辔如组,两骖如舞。

我叔去打猎了,骑着他的骏马,那画面简直帅炸了!你看他手里拿着缰绳,动作流畅得就像在编花,两边的马儿跑起来轻盈得就像在跳芭蕾舞,真是太有范儿了!

清人

国风·郑风

清人在彭,驷介旁旁。二矛重英,河上乎翱翔。
清人在消,驷介麃麃。二矛重乔,河上乎逍遥。
清人在轴,驷介陶陶。左旋右抽,中军作好。

March
三月
22

二矛重乔,河上乎逍遥

此时此刻别的国家正在浴血奋战,郑国的君主却派了一帮人在黄河南岸逍遥,那些清邑的士兵驻扎在彭地,马匹跑得飞快,可他们手里拿着两支装饰得花里胡哨的长矛,居然还有闲情逸致在河边悠闲地散步,好像打仗只是个副业似的!皮里阳秋,褒贬立见,敬业是一切事业的根本。

羔裘 国风·郑风

羔裘如濡,洵直且侯。彼其之子,舍命不渝。
羔裘豹饰,孔武有力。彼其之子,邦之司直。
羔裘晏兮,三英粲兮。彼其之子,邦之彦兮。

March
三月
23

> 彼其之子,邦之彦兮。

原意是赞美某个人,说他是国家的杰出人才,邦国中的俊佼者。北宋文学家周邦彦之名出自这里。以后夸朋友的时候也可以说:"你真是咱们这里的邦彦,不仅能力出众,还特别有魅力,跟在你身边,每天都觉得特别有劲儿!"

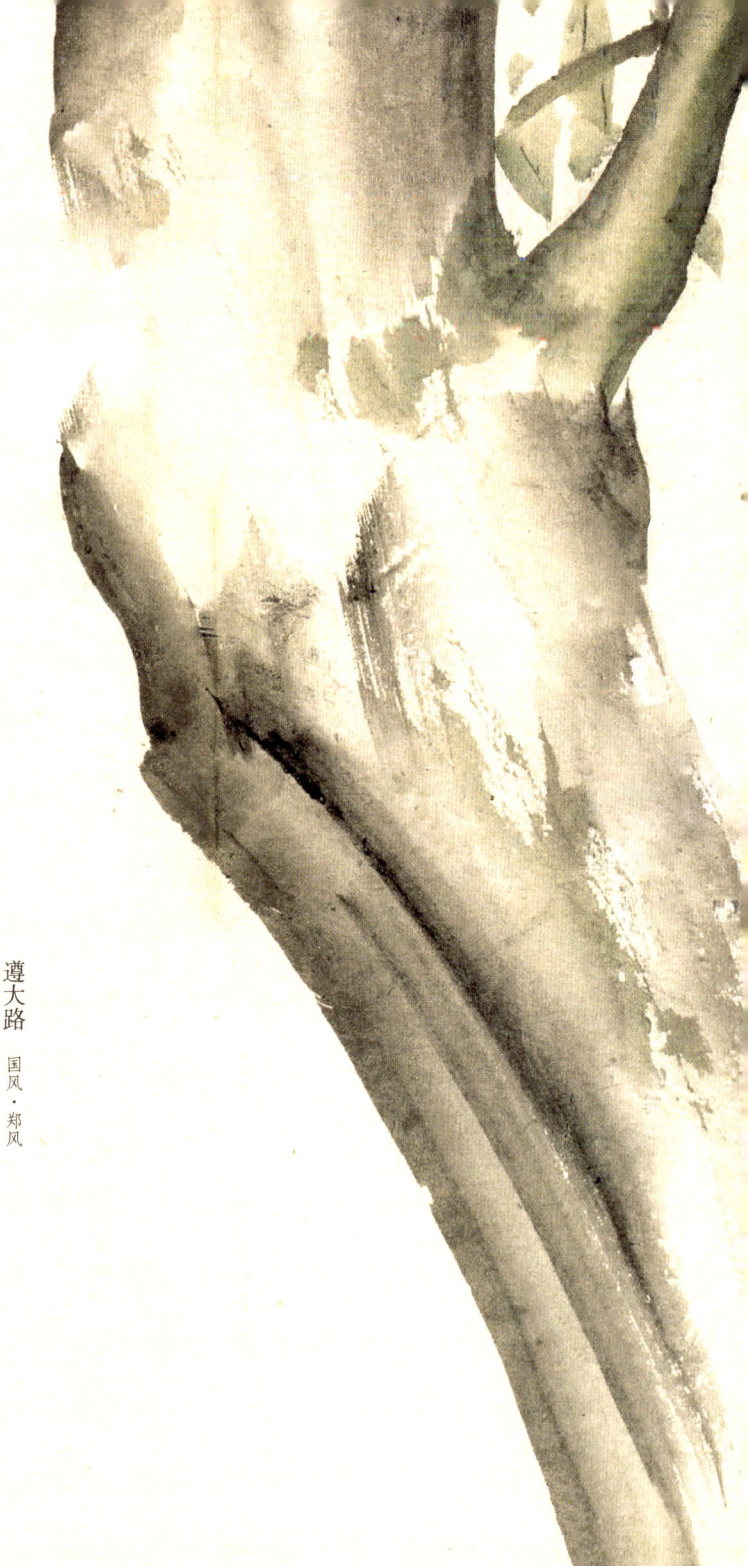

遵大路

国风·郑风

遵大路兮,掺执子之祛兮,无我恶兮,不寁故也!
遵大路兮,掺执子之手兮,无我魗兮,不寁好也!

March
三月
24

遵大路兮,揽执子之袪兮

嘿,我知道爱情很美好,但记得自己才是生活的主角!千万别像诗里的主角苦苦哀求,委曲求全。保持你的独立性和个人追求,不要因为恋爱而放弃自己的兴趣和目标。

女曰鸡鸣 国风·郑风

女曰:「鸡鸣。」士曰:「昧旦。」「子兴视夜,明星有烂。将翱将翔,弋凫与雁。」

弋言加之,与子宜之。宜言饮酒,与子偕老。琴瑟在御,莫不静好。

知子之来之,杂佩以赠之。知子之顺之,杂佩以问之。知子之好之,杂佩以报之。

March
三月
25

宜言饮酒，与子偕老。琴瑟在御，莫不静好。

让我们愉快地享受这杯美酒，一起共度未来的岁月。就像现在这样，我们相互陪伴，无论是弹琴还是交谈，都能感受到彼此之间的和谐与美好。生活中有你相伴，一切都会是那么的平静而美好。

有女同车 国风·郑风

有女同车,颜如舜华。将翱将翔,佩玉琼琚。彼美孟姜,洵美且都。

有女同行,颜如舜英。将翱将翔,佩玉将将。彼美孟姜,德音不忘。

March
三月
26

有女同车,颜如舜华。

这句话是夸女孩子长得就像绽放的木槿花,清新脱俗。她就像是生活中的一个小确幸,让平凡的日子变得不再平凡。你可以用来夸你的心上人哦。

山有扶苏

国风·郑风

山有扶苏,隰有荷华。不见子都,乃见狂且。
山有桥松,隰有游龙。不见子充,乃见狡童。

March
三月
27

不见子都,乃见狂且 不见子充,乃见狡童

我怎么这么倒霉,见不着美男子,却见到你这么一个狡猾的小子,你是从哪儿冒出来的,让本姑娘心动

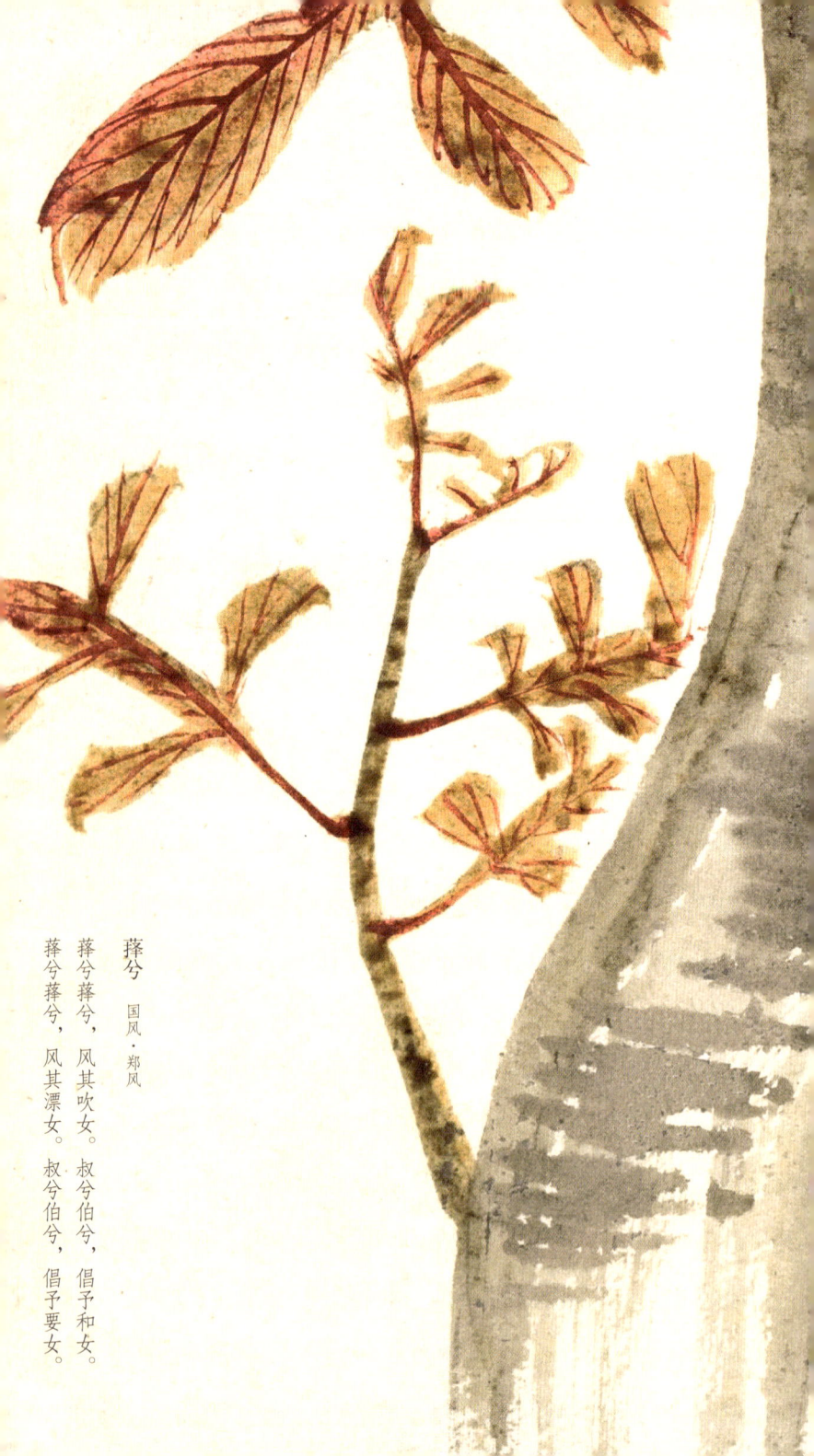

萚兮 国风·郑风

萚兮萚兮,风其吹女。叔兮伯兮,倡予和女。

萚兮萚兮,风其漂女。叔兮伯兮,倡予要女。

March
三月
28

萚兮萚兮，风其吹女。叔兮伯兮，倡予和女。

树叶呀树叶，风把你们吹得飘飘摇摇。小伙子们呀，唱起来，我来给你们和声。多么美好的生活。在忙碌中，也要多花时间和朋友、家人一起分享快乐，感受大自然的美好，保持内心的纯真和温暖。

狡童　国风·郑风

彼狡童兮，不与我言兮。维子之故，使我不能餐兮。
彼狡童兮，不与我食兮。维子之故，使我不能息兮。

March
三月
29

彼狡童兮，不与我食兮

爱情不仅是甜蜜时光的堆砌，更包含着无数细微而深刻的瞬间，这些瞬间常常带来难以言表的痛苦。对方的任何举动都可能在我们心中激起巨大的波澜。爱一个人意味着愿意分享对方的喜悦，同时也要准备好承受随之而来的痛苦。

褰裳

国风·郑风

子惠思我,褰裳涉溱。子不我思,岂无他人?狂童之狂也且!
子惠思我,褰裳涉洧。子不我思,岂无他士?狂童之狂也且!

March
三月
30

子不我思,岂无他人?

感情需要双方的努力和珍惜。如果你真的不在乎我,我也不会勉强自己去迎合你。我也有我的骄傲和自尊,也有很多其他的朋友和机会。所以,如果你真的在乎我,就请好好对待我;否则,那也没关系,我会找到属于自己的幸福。

丰

国风·郑风

子之丰兮,俟我乎巷兮,悔予不送兮。
子之昌兮,俟我乎堂兮,悔予不将兮。
衣锦褧衣,裳锦褧裳。叔兮伯兮,驾,予与行。
裳锦褧裳,衣锦褧衣。叔兮伯兮,驾,予与归。

March
三月
31

子之丰兮,俟我乎巷兮,悔予不送兮。

有时候,我们总是在事后才意识到错过了什么。但生活就是这样,总有遗憾,也有新的机会。我们要更加珍惜眼前的人和事,不再轻易错过那些美好的瞬间。不管未来怎样,抓住每一个值得珍惜的机会,不再让自己后悔。

不学《诗》
无以言

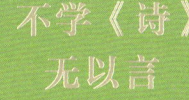

诗经

岁华 夏

河北出版传媒集团
河北教育出版社

April

四月

肆

东门之墠 国风·郑风

东门之墠,茹藘在阪。其室则迩,其人甚远。
东门之栗,有践家室。岂不尔思?子不我即!

April
四月
1

岂不尔思？子不我即！

　　是我没想过你吗？是你不来找我啊，并非我不想你啊！两个人的关系需要双方的努力，但如果总是一个人在主动，那么一腔热血很快就会被扑灭。如果真的在乎对方，就应该多一些理解和包容，多一些主动和关心。

风雨

国风·郑风

风雨凄凄,鸡鸣喈喈。既见君子,云胡不夷?
风雨潇潇,鸡鸣胶胶。既见君子,云胡不瘳?
风雨如晦,鸡鸣不已。既见君子,云胡不喜?

April
四月
2

既见君子,云胡不喜?

见到你了,怎么可能不开心呢?在这个快节奏的生活中,能有一个人可以依靠,可以分享生活的点点滴滴,真的是一件很幸福的事情。希望我们能一直这样下去,无论未来的路多么崎岖,只要我们手牵手、心连心,就没有什么是过不去的。感谢有你,让我的生活变得更加美好。

子衿 国风·郑风

青青子衿,悠悠我心。纵我不往,子宁不嗣音?
青青子佩,悠悠我思。纵我不往,子宁不来?
挑兮达兮,在城阙兮。一日不见,如三月兮!

April

四月

3

青青子衿,悠悠我心。

你那青色的衣领,总是让我心神不定。即使我们相隔遥远,这份思念也从未减少。在这个忙碌的世界里,能有一个人让我们如此牵挂,也是一种幸运。无论未来的路多么不确定,都要珍惜这段回忆,让它成为我们前进的动力。

扬之水　国风·郑风

扬之水,不流束楚。终鲜兄弟,维予与女。无信人之言,人实迋女。

扬之水,不流束薪。终鲜兄弟,维予二人。无信人之言,人实不信。

April

四月

4

无信人之言,人实不信。

在这个信息泛滥的时代,很多话都是道听途说,未经证实。我们应该学会分辨信息的真假,不要轻易被别人的言论所影响。真正的朋友和值得信赖的人会当面坦诚相待,而不是在背后说三道四。所以,无论听到什么,都要保持冷静,多一分思考,这样才能避免不必要的误会和麻烦。

出其东门　国风·郑风

出其东门，有女如云。虽则如云，匪我思存。缟衣綦巾，聊乐我员。

出其闉阇，有女如荼。虽则如荼，匪我思且。缟衣茹藘，聊可与娱。

扫码听音频

April
四月
5

虽则如云,匪我思存。

虽然周围有很多人,但我的心里只有你。在这个熙熙攘攘的世界里,我见过许多人,经历过许多事,但唯一不变的是我对你的思念。无论身边有多少人来来往往,你始终是我心中最重要的人。

野有蔓草

国风·郑风

野有蔓草,零露漙兮。有美一人,清扬婉兮。邂逅相遇,适我愿兮。
野有蔓草,零露瀼瀼。有美一人,婉如清扬。邂逅相遇,与子偕臧。

April
四月
6

邂逅相遇,与子偕臧。

今日有缘喜遇,与你携手同行。美好的事物永远值得等待和珍惜。在这个浮躁的世界里,你也会遇到一个人,美丽得像清澈的眼波,不由自主地被吸引,在她面前可以放下所有的防备,感受真正的宁静和美好。愿我们在生活的旅途中,珍惜每一次相遇,共同创造更多美好的回忆。

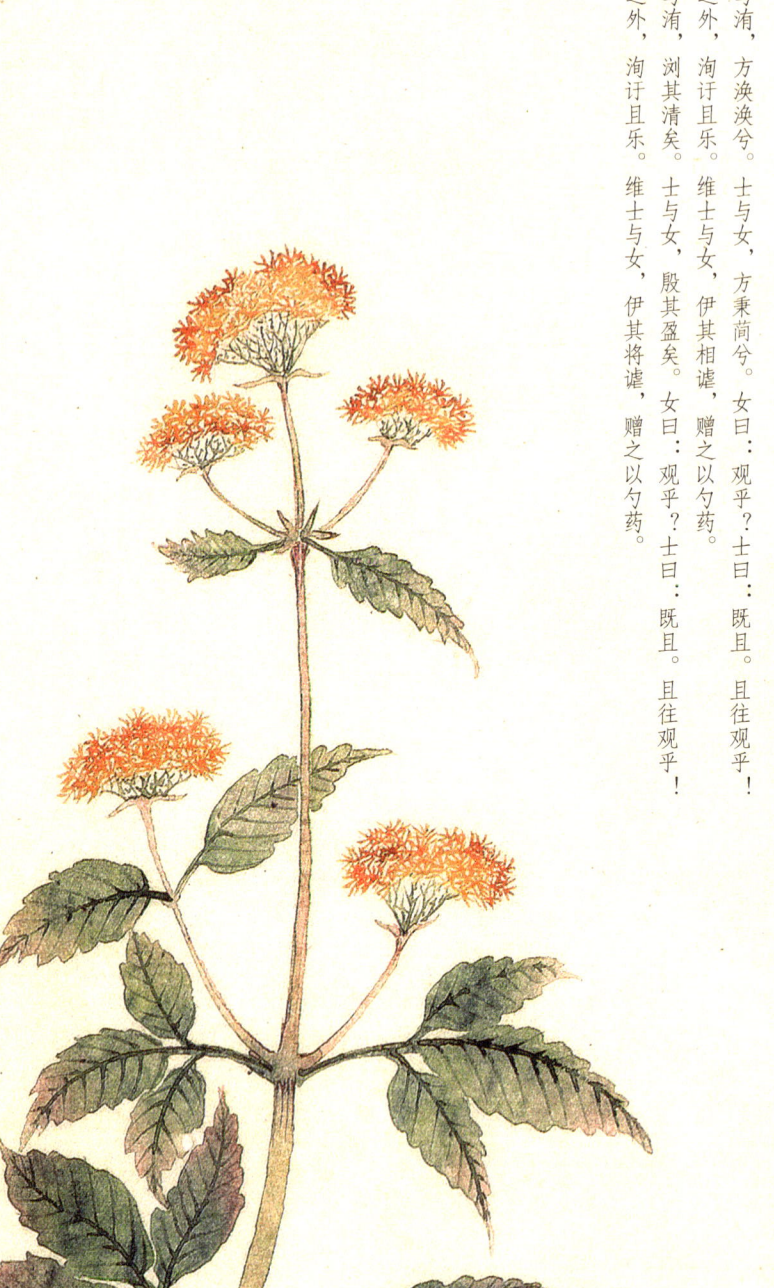

溱洧

国风·郑风

溱与洧,方涣涣兮。士与女,方秉蕳兮。女曰:观乎?士曰:既且。且往观乎!

洧之外,洵订且乐。维士与女,伊其相谑,赠之以勺药。

溱与洧,浏其清矣。士与女,殷其盈矣。女曰:观乎?士曰:既且。且往观乎!

洧之外,洵订且乐。维士与女,伊其将谑,赠之以勺药。

April
四月
7

溱与洧,方涣涣兮。士与女,方秉䕅兮。

溱河,洧河,春来荡漾绿波。男男女女,手拿兰草游乐。春意盎然的河边,每一处景色都充满了生机与欢乐,年轻人手牵手、轻声细语的场景,展示了即使在平凡的日子里,只要我们用心感受,生活中处处都有美好和希望。积极的态度不仅能提升自己的幸福感,还能感染周围的人,让整个世界变得更加美好。

鸡鸣 国风·齐风

鸡既鸣矣,朝既盈矣。匪鸡则鸣,苍蝇之声。
东方明矣,朝既昌矣。匪东方则明,月出之光。
虫飞薨薨,甘与子同梦。会且归矣,无庶予子憎。

扫码听音频

April
四月
8

> 虫飞薨薨,甘与子同梦。

  虫子飞来响薨薨,乐意与你温好梦。在这交织的梦境与现实中,见面是一千个春天预设的伏笔。而想见的人,永远如夏夜里的微风,轻轻拂过心房,停泊在最柔软的地方。

还

国风·齐风

子之还兮,遭我乎峱之间兮。并驱从两肩兮,揖我谓我儇兮。
子之茂兮,遭我乎峱之道兮。并驱从两牡兮,揖我谓我好兮。
子之昌兮,遭我乎峱之阳兮。并驱从两狼兮,揖我谓我臧兮。

April
四月
9

子之还兮,遭我乎猺之间兮。

对面这位大哥身手真敏捷啊!我进山打猎和他相逢在山凹。在这片充满生机的土地上,每一个躬耕前行的日子都是在为向往的生活着色,让梦想迎着光照进现实,如同山间清泉般清澈而坚定。

著　国风·齐风

俟我于著乎而，充耳以素乎而，尚之以琼华乎而。
俟我于庭乎而，充耳以青乎而，尚之以琼莹乎而。
俟我于堂乎而，充耳以黄乎而，尚之以琼英乎而。

April
四月
10

　　充耳以素乎而，尚之以琼华乎而。

　　冠上洁白丝绦垂在两耳边，缀饰的美玉悬荡在我眼前。这样的场景仿佛是古老祝词中的美好画面，有吉有庆，夫妇双全，无灾无难，永葆百年，让人感受到岁月静好、现世安稳的力量。

东方之日 _{国风·齐风}

东方之日兮,彼姝者子,在我室兮。在我室兮,履我即兮。

东方之月兮,彼姝者子,在我闼兮。在我闼兮,履我发兮。

April

四月

11

东方之日兮,彼姝者子。

太阳升起在东方。有位姑娘真漂亮,进我家门在我房。春来夏往,秋收冬藏,我们来日方长的日子里满是欣喜,无论是四季更迭还是落日余晖、朝朝暮暮、年岁流转,都愿与你携手共度,直至天光大亮,共赏世间美好。

东方未明　国风·齐风

东方未明,颠倒衣裳。颠之倒之,自公召之。
东方未晞,颠倒裳衣。倒之颠之,自公令之。
折柳樊圃,狂夫瞿瞿。不能辰夜,不夙则莫。

April
四月
12

东方未明,颠倒衣裳。

　　东方还未露曙光,丈夫颠倒穿衣裳。在这黎明前的忙乱中,蕴含着新一天的无限辛劳。多少挥汗俯首的日常,终将成为游刃世界的擅长,每一步努力都是向着光明迈进的坚实足迹。

南山 国风·齐风

南山崔崔,雄狐绥绥。鲁道有荡,齐子由归。既曰归止,曷又怀止?
葛屦五两,冠绥双止。鲁道有荡,齐子庸止。既曰庸止,曷又从止?
蓺麻如之何?衡从其亩。取妻如之何?必告父母。既曰告止,曷又鞠止?
析薪如之何?匪斧不克。取妻如之何?匪媒不得。既曰得止,曷又极止?

April
四月
13

既曰得止,曷又极止?

既然妻子娶到手,为啥让她到娘家?这首诗以讽刺的笔触描绘了文姜与鲁桓公的故事,然而,生活总有其不可预料之处,从遇见你开始,所有的阴晴雨晦都留给过往,凛冬散尽,星河长明。

甫田　国风·齐风

无田甫田，维莠骄骄。无思远人，劳心忉忉。
无田甫田，维莠桀桀。无思远人，劳心怛怛。
婉兮娈兮，总角丱兮。未几见兮，突而弁兮！

April
四月
14

未几见分,突而弃分!

才只几天没见面,忽戴冠帽已成年!时光匆匆,转瞬即是一番新模样。那些曾经稚嫩的脸庞,如今已变得成熟稳重,仿佛昨日还是孩童,今日便已成人。妈妈的碎碎念,温暖了我的岁岁年年,那些看似平常的话语,却是成长路上最坚实的依靠,那些温柔的叮咛总能穿透岁月的尘埃,给我们最深的安慰和力量。

卢令　国风·齐风

卢令令，其人美且仁。
卢重环，其人美且鬈。
卢重鋂，其人美且偲。

April
四月
15

> 卢令令，其人美且仁。卢重环，其人美且鬈。
> 卢重铹，其人美且偲。

黑毛猎犬的颈圈叮当响，那个猎人英俊又善良。黑毛猎犬脖上套双环，那个猎人英俊又勇猛。黑毛猎犬脖上环套环，那个猎人英俊又能干。惊鸿一瞥，乱我心扉，我的灵魂深处有你的身影，仿佛前世的约定，在这一刻得以重逢。

敝笱

国风·齐风

敝笱在梁,其鱼鲂鳏。齐子归止,其从如云。
敝笱在梁,其鱼鲂鱮。齐子归止,其从如雨。
敝笱在梁,其鱼唯唯。齐子归止,其从如水。

April
四月
16

敝笱在梁，其鱼鲂鳏。齐子归止，其从如云。

破鱼笼子架设在拦鱼坝上，任由鲂鱼鳏鱼游进游出。齐侯的妹子回到齐国，仆从如云啊多得不可胜数。这世上的许多事情都可以将就，唯有婚姻不能将就。然而，人们往往是在经历之后，才明白违心地娶、将就地嫁，不过是给自己和对方的一场漫长折磨。

载驱 国风·齐风

载驱薄薄,簟茀朱鞹。鲁道有荡,齐子发夕。
四骊济济,垂辔沵沵。鲁道有荡,齐子岂弟。
汶水汤汤,行人彭彭。鲁道有荡,齐子翱翔。
汶水滔滔,行人儦儦。鲁道有荡,齐子游遨。

April
四月
17

> 汶水滔滔,行人儦儦。

汶水日夜浪滔滔,行人纷纷驻足瞧。这条河流不仅见证了岁月的流逝,也承载了无数人的喜怒哀乐。万里山河,万象更新,每一处风景的变化都象征着自然界的生生不息与伟大。每一滴水的汇聚,每一朵浪花的翻腾,都是这片土地上人民生活变迁的生动写照。

猗嗟

国风·齐风

猗嗟昌兮,颀而长兮。抑若扬兮,美目扬兮。巧趋跄兮,射则臧兮。

猗嗟名兮,美目清兮。仪既成兮,终日射侯。不出正兮,展我甥兮。

猗嗟娈兮,清扬婉兮。舞则选兮,射则贯兮。四矢反兮,以御乱兮。

April
四月
18

猗嗟昌兮,颀而长兮。抑若扬兮,美目扬兮。

这人长得真漂亮,身材高大又颀长。前额方正容颜好,双目有神多明亮。如此出众的风采,只能在画中见到。陌上人如玉,公子世无双。即便走到水穷天杪,也定非尘世间人,仿佛从古画中走出的雅士,带着不食人间烟火的气息,令人一见难忘。

葛屦 国风·魏风

纠纠葛屦,可以履霜?掺掺女手,可以缝裳?要之襋之,好人服之。
好人提提,宛然左辟,佩其象揥。维是褊心,是以为刺。

April
四月
19

维是褊心,是以为刺。

正因为这女人心肠窄又坏,所以我要作诗把她狠狠讽刺。世间常有不平之事,正如那身着华丽罗绮之人,往往并非辛勤养蚕之人。在这纷繁复杂的人世间,有的人享受着不属于自己的荣华,而真正的创造者却默默无闻。但正义与真相终将被看见,正如阳光总会穿透乌云,照亮每一个角落。

汾沮洳 国风·魏风

彼汾沮洳,言采其莫。彼其之子,美无度。美无度,殊异乎公路。
彼汾一方,言采其桑。彼其之子,美如英。美如英,殊异乎公行。
彼汾一曲,言采其藚。彼其之子,美如玉。美如玉,殊异乎公族。

April
四月
20

> 彼其之子,美无度。美无度,殊异乎公路。

长得那样英俊无法衡量,和王公家的官员太不一样!你踩着漫长星辰的光而来,那光芒万丈的身影,让我在你到来的刹那便失了心智。从此,无论山河过往、凛冬天明,你都有我,愿与你共赴每一个未知的明天,直到世界的尽头。

园有桃

国风·魏风

园有桃,其实之殽。心之忧矣,我歌且谣。不知我者,谓我士也骄。
彼人是哉,子曰何其?心之忧矣,其谁知之?其谁知之?盖亦勿思!
园有棘,其实之食。心之忧矣,聊以行国。不知我者,谓我士也罔极。
彼人是哉,子曰何其?心之忧矣,其谁知之?其谁知之,盖亦勿思!

April

四月

21

> 心之忧矣，我歌且谣。

心中真忧闷呀，姑且放声把歌唱。即使身处低谷，也要像花儿一样勇敢绽放；即使沉入海底，也要抬头望向月亮，保持心中的光明与希望。这样的态度，让我们在逆境中也能找到前进的力量。

陟岵 国风·魏风

陟彼岵兮,瞻望父兮。
父曰:嗟,予子行役,夙夜无已。上慎旃哉,犹来无止!
陟彼屺兮,瞻望母兮。
母曰:嗟,予季行役,夙夜无寐。上慎旃哉,犹来无弃!
陟彼冈兮,瞻望兄兮。
兄曰:嗟,予弟行役,夙夜必偕。上慎旃哉,犹来无死!

April

四月

22

上慎旃哉,犹来无死!

可要当心身体呀,归来吧,莫要客死他乡。每一次离别都希望能重逢,每一次等待都渴望平安。我与世界都是帧帧瞬间,每个瞬间都珍贵无比。和平的花朵定会盛开在世界的每一个角落,和平的信鸽终将穿过硝烟抵达每一个国度。愿那时的所有人都能在宁静美好的环境中,自由地呼吸,幸福地生活。

十亩之间 国风·魏风

十亩之间兮,桑者闲闲兮,行与子还兮。
十亩之外兮,桑者泄泄兮,行与子逝兮。

April
四月
23

十亩之间兮,桑者闲闲兮,行与子还兮。

十亩田间是桑园,采桑人儿真悠闲。走吧,与你把家还。在这片宁静的田园中,每一片桑叶都充满了生机与希望。草木正在新生,美好正在萌芽。愿我们在生活的每一个瞬间,都能感受到大自然的馈赠,享受简单而美好的幸福时光。

伐檀(一) 国风·魏风

坎坎伐檀兮,置之河之干兮。河水清且涟猗。不稼不穑,胡取禾三百廛兮?不狩不猎,胡瞻尔庭有县貆兮?彼君子兮,不素餐兮!
坎坎伐辐兮,置之河之侧兮。河水清且直猗。不稼不穑,胡取禾三百亿兮?不狩不猎,胡瞻尔庭有县特兮?彼君子兮,不素食兮!

April

四月

24

坎坎伐檀兮,置之河之干兮。河水清且涟猗。

砍伐檀树声坎坎呦,棵棵放倒堆河边啊,河水清清微波转哟。在这片勤劳与汗水浇灌的土地上,每一声斧凿都回响着生活的旋律。从此我不再仰脸看青天,不再低头看白水,只谨慎着我双双的脚步,我要一步一步踏在泥土上,打上深深的脚印,让每一步都坚实有力,走向属于自己的未来。

伐檀(二) 国风·魏风

坎坎伐轮兮,置之河之漘兮。河水清且沦猗。不稼不穑,胡取禾三百囷兮?不狩不猎,胡瞻尔庭有县鹑兮?彼君子兮,不素飧兮!

April
四月
25

不稼不穑，胡取禾三百囷兮？

不播种来不收割，为何粮仓囤囤满？这样的质问背后，是对公平与劳动价值的深刻思考。愈懂大地的耕耘者，愈懂欣赏金黄色的麦浪，他们深知每一颗粮食背后的辛劳与汗水，因此更加珍惜与感恩。

硕鼠

国风·魏风

硕鼠硕鼠,无食我黍!三岁贯女,莫我肯顾。
逝将去女,适彼乐土。乐土乐土,爰得我所。
硕鼠硕鼠,无食我麦!三岁贯女,莫我肯德。
逝将去女,适彼乐国。乐国乐国,爰得我直。
硕鼠硕鼠,无食我苗!三岁贯女,莫我肯劳。
逝将去女,适彼乐郊。乐郊乐郊,谁之永号?

April

四月

26

硕鼠硕鼠,无食我黍!

大田鼠呀大田鼠,不许吃我种的黍!这不仅仅是对贪婪者的警告,更似是对世间不公的叹息。"朱门酒肉臭,路有冻死骨",这幅画面让人不禁思考,如何才能让世界更加平等与温暖。

蟋蟀

国风·唐风

蟋蟀在堂,岁聿其莫。今我不乐,日月其除。
无已大康,职思其居。好乐无荒,良士瞿瞿。

蟋蟀在堂,岁聿其逝。今我不乐,日月其迈。
无已大康,职思其外。好乐无荒,良士蹶蹶。

蟋蟀在堂,役车其休。今我不乐,日月其慆。
无已大康,职思其忧。好乐无荒,良士休休。

April
四月
27

> 蟋蟀在堂,岁聿其莫。今我不乐,日月其除。
> 无已大康,职思其居。好乐无荒,良士瞿瞿。

天寒蟋蟀进堂屋,一年匆匆临岁幕。今不及时去寻乐,日月如梭留不住。在这短暂而宝贵的生命旅程中,平衡工作与娱乐,既要保持心灵的愉悦,又不忘肩上的责任。生命追求的当然不是艰苦,我们要在不荒废正业的同时也要不忘娱乐嗨皮,让生活既充实又多彩。

山有枢 国风·唐风

山有枢,隰有榆。子有衣裳,弗曳弗娄。
子有车马,弗驰弗驱。宛其死矣,他人是愉。
山有栲,隰有杻。子有廷内,弗洒弗扫。
子有钟鼓,弗鼓弗考。宛其死矣,他人是保。
山有漆,隰有栗。子有酒食,何不日鼓瑟?
且以喜乐,且以永日。宛其死矣,他人入室。

April
四月
28

且以喜乐,且以永日。

且用它来寻欢喜,且用它来度时日。在这悠悠岁月里,不妨放慢脚步,感受每一分每一秒的美好。人生缓缓,自有答案。慢热喜静,无论往哪个方向走,都是向前迈进,乐观积极的心态必定带来风生水起的好运。

扬之水

国风·唐风

扬之水,白石凿凿。素衣朱襮,从子于沃。既见君子,云何不乐?
扬之水,白石皓皓。素衣朱绣,从子于鹄。既见君子,云何其忧?
扬之水,白石粼粼。我闻有命,不敢以告人。

April
四月
29

扬之水，白石皓皓。

小河里的水啊汩汩流淌，光洁的山石白得发光亮。在这清澈见底的溪流边，心灵也仿佛得到了净化。挑尽春风，去看四海潮生，让我们带着这份清新与纯净，踏上探索世界的旅程，体验生命的无限可能。

椒聊

国风·唐风

椒聊之实,蕃衍盈升。彼其之子,硕大无朋。椒聊且,远条且。
椒聊之实,蕃衍盈匊。彼其之子,硕大且笃。椒聊且,远条且。

April
四月
30

椒聊且,远条且。

像一串串花椒呀,它的香气飘向远方。这香气不仅勾起了味蕾的记忆,也唤起了心中对美好生活的向往。无论是清晨的第一缕阳光,还是夜晚的点点星光,都在平凡中透露出不平凡的美丽。愿我们钟情平凡日子里的浪漫,所见皆欢喜。

May

五月

伍

绸缪　国风·唐风

绸缪束薪,三星在天。今夕何夕,见此良人?子兮子兮,如此良人何?
绸缪束刍,三星在隅。今夕何夕,见此邂逅?子兮子兮,如此邂逅何?
绸缪束楚,三星在户。今夕何夕,见此粲者?子兮子兮,如此粲者何?

扫码听音频

May
五月
1

今夕何夕，见此良人？子兮子兮，如此良人何？

今夜究竟是啥夜晚？见这好人真欢欣。要问你啊要问你，将这好人怎样亲？在这个特别的夜晚，心中充满了温暖与甜蜜。长日欣喜，四季与你，落日与晚风，朝朝又暮暮，朝暮与年岁并往，然后与你一同行至天光。

杕杜

国风·唐风

有杕之杜,其叶湑湑。独行踽踽。岂无他人?不如我同父。嗟行之人,胡不比焉?人无兄弟,胡不佽焉?
有杕之杜,其叶菁菁。独行睘睘。岂无他人?不如我同姓。嗟行之人,胡不比焉?人无兄弟,胡不佽焉?

May
五月
2

人无兄弟，胡不佽焉？

兄弟不在无依靠，为何不将我帮衬？在这孤独无助的时刻，心中难免生出几许凄凉。为他人执灯者，迟早也会被别人的光芒照亮；做别人的屋檐，别人也不会让风雨落到他的头上。这世上的相互扶持，正是我们面对困难时最温暖的力量。

羔裘 国风·唐风

羔裘豹袪,自我人居居。岂无他人?维子之故。
羔裘豹褎,自我人究究。岂无他人?维子之好。

May
五月
3

岂无他人？维子之故。

难道没有别人可交？只是为你顾念情义。在这条人生的旅途中，虽然不乏同行者，但真正让你牵挂的，或许只有那么一两个。我被高山围绕，山水自为我祈祷。我本就是自己生命中的女主，不在意任何人的眼光，只愿追随内心的声音，活出真实的自我。

鸨羽

国风·唐风

肃肃鸨羽,集于苞栩。王事靡盬,不能蓺稷黍,父母何怙?悠悠苍天,曷其有所?

肃肃鸨翼,集于苞棘。王事靡盬,不能蓺黍稷,父母何食?悠悠苍天,曷其有极?

肃肃鸨行,集于苞桑。王事靡盬,不能蓺稻粱,父母何尝?悠悠苍天,曷其有常?

May

五月

4

悠悠苍天,曷其有所?

可望而不可即的老天爷在上,我何时才能返回我的家乡?在这漫长的归途中,心中充满千般期盼。无论身在何处,心中保持正义与善良,最终定能找到回家的路。

无衣 国风·唐风

岂曰无衣?七兮。不如子之衣,安且吉兮。
岂曰无衣?六兮。不如子之衣,安且燠兮。

May
五月
5

岂曰无衣?七兮。不如子之衣,安且吉兮。

难道我没衣服穿?我有衣服六七件。只是不如你的衣服穿在身上舒适又美观。在这物质丰富的世界里,真正让人感到舒适的,往往不是衣物本身,而是那份来自心底的温暖与关怀。山河远阔,人间烟火,无一是你,无一不是你。

有杕之杜 　国风·唐风

有杕之杜，生于道左。彼君子兮，噬肯适我？中心好之，曷饮食之！
有杕之杜，生于道周。彼君子兮，噬肯来游？中心好之，曷饮食之！

May
五月
6

中心好之,曷饮食之!

爱贤盼友欲倾诉,何不请来喝一壶?等待愈漫长,心中积蓄的情感愈发深厚,等得越长久,重逢时也就更幸福。当那一天终于到来,所有的思念与期盼都将化作杯中的佳酿,共同庆祝这份难得的情谊。

葛生 国风·唐风

葛生蒙楚，蔹蔓于野。予美亡此，谁与？独处。
葛生蒙棘，蔹蔓于域。予美亡此，谁与？独息。
角枕粲兮，锦衾烂兮。予美亡此，谁与？独旦。
夏之日，冬之夜。百岁之后，归于其居。
冬之夜，夏之日。百岁之后，归于其室。

May
五月
7

夏之日,冬之夜。百岁之后,归于其居。

没有你的日子,夏天是如此煎熬,冬夜是那样漫长,难耐孤寒。终有一天,我也要化作清风随你而去,相会在碧落黄泉!无论春夏秋冬,生死两依,这份深情跨越时空,永不消逝。

采苓 国风·唐风

采苓采苓,首阳之巅。人之为言,苟亦无信。舍旃舍旃,苟亦无然。人之为言,胡得焉?
采苦采苦,首阳之下。人之为言,苟亦无与。舍旃舍旃,苟亦无然。人之为言,胡得焉?
采葑采葑,首阳之东。人之为言,苟亦无从。舍旃舍旃,苟亦无然。人之为言,胡得焉?

May
五月
8

人之为言,苟亦无信。

无聊小人制造着她的闲话,不要信啊,没有一句是真情。世界纷扰,是非在己,毁誉由人,得失不论,保持内心的平静与坚定,不被外界的噪声所影响,才能活出真正的自我。

车邻　国风·秦风

有车邻邻,有马白颠。未见君子,寺人之令。
阪有漆,隰有栗。既见君子,并坐鼓瑟。今者不乐,逝者其耋。
阪有桑,隰有杨。既见君子,并坐鼓簧。今者不乐,逝者其亡。

May
五月
9

今者不乐,逝者其耋。

趁现在及时行乐吧,人生易老转眼八十日偏西。人生的长度有限、宽度无垠。山前山后各有风景,有风无风都很自由。

驷驖 国风·秦风

驷驖孔阜,六辔在手。公之媚子,从公于狩。
奉时辰牡,辰牡孔硕。公曰左之,舍拔则获。
游于北园,四马既闲。輶车鸾镳,载猃歇骄。

May
五月
10

驷骐孔阜，六辔在手。

　　四马壮健毛色黑，缰绳六根手上垂。力量与控制的完美结合，正如人生旅途上的我们，既要拥有前行的动力，也要掌握好方向。无论身处何方，都要保持内心的自由与洒脱，让生命之舟在广阔的天地间自由航行。

小戎(一) 国风·秦风

小戎俴收,五楘梁辀。游环胁驱,阴靷鋈续。文茵畅毂,驾我骐馵。
言念君子,温其如玉。在其板屋,乱我心曲。
四牡孔阜,六辔在手。骐骝是中,騧骊是骖。龙盾之合,鋈以觼軜。
言念君子,温其在邑。方何为期?胡然我念之。
言念君子,温其在邑。

May

五月

11

言念君子,温其如玉。

　　思念夫君人品好,温和就像玉一样。这份思念中,不仅有对爱人外在温润如玉的赞美,更有对其内在品质的深深敬意。就像潇洒美少年,举觞白眼望青天,皎如玉树临风前,如此美好的形象,如同一幅动人的画卷,让人久久难以忘怀。

小戎（二） 国风·秦风

俴驷孔群，厹矛鋈錞。蒙伐有苑，虎韔镂膺。交韔二弓，竹闭绲縢。言念君子，载寝载兴。厌厌良人，秩秩德音。

May
五月
12

厌厌良人，秩秩德音。

安静柔和好夫君，彬彬有礼声誉高。他不只拥有温润如玉的外表，更有着谦谦君子的风范。在人群中，他如同一缕清风，不张扬却让人感到舒心与宁静，这样的君子，无论是行走于喧嚣的市井，还是漫步于寂静的林间，都能保持一颗平和的心，让人在与他相处的日子里，感受到生活的美好与诗意。

蒹葭 国风·秦风

蒹葭苍苍,白露为霜。所谓伊人,在水一方。
溯洄从之,道阻且长。溯游从之,宛在水中央。
蒹葭萋萋,白露未晞。所谓伊人,在水之湄。
溯洄从之,道阻且跻。溯游从之,宛在水中坻。
蒹葭采采,白露未已。所谓伊人,在水之涘。
溯洄从之,道阻且右。溯游从之,宛在水中沚。

May
五月
13

> 蒹葭苍苍，白露为霜。所谓伊人，在水一方。

河边芦苇青苍苍，秋深露水结成霜。意中人儿在何处？就在河水那一方。秋水伊人、秋光满目，成为"永恒的瞬间"。我们所追求的东西好像总是躲着我们，你溯游从之，逆流顺流，道阻且长，她却宛在水中央。

终南 国风·秦风

终南何有？有条有梅。君子至止，锦衣狐裘。颜如渥丹，其君也哉！
终南何有？有纪有堂。君子至止，黻衣绣裳。佩玉将将，寿考不亡！

May
五月
14

佩玉将将,寿考不忘!

身上佩玉响叮当,富贵寿考莫相忘!悠扬的玉声,仿佛是岁月的低语,提醒我们珍惜身边的人和事。在快节奏的现代生活中,我们很容易忽略那些真正有价值的人和事。但是,"寿考不忘"告诉我们,那些真正有意义的人和事,就像是被时间雕刻的玉器,永远不会被遗忘。

黄鸟(一) 国风·秦风

交交黄鸟,止于棘。谁从穆公?子车奄息。维此奄息,百夫之特。
临其穴,惴惴其慄。彼苍者天,歼我良人!如可赎兮,人百其身!
交交黄鸟,止于桑。谁从穆公?子车仲行。维此仲行,百夫之防。
临其穴,惴惴其慄。彼苍者天,歼我良人!如可赎兮,人百其身!

May
五月
15

维此奄息，百夫之特！

子车奄息的命运多舛，才德百人比不上。谁不赞许他们的英勇与美德，如同夜空中最亮的星照亮了黑暗的时代。君者，舟也；庶人者，水也。水则载舟，水则覆舟。只有那些真正为人民着想的领导者，才能得到人民的拥护和支持。

黄鸟（二） 国风·秦风

交交黄鸟,止于楚。谁从穆公?子车鍼虎。维此鍼虎,百夫之御。临其穴,惴惴其栗。彼苍者天,歼我良人!如可赎兮,人百其身!

五月
May
16

彼苍者天，歼我良人！如可赎兮，人百其身！

众人悼殉临墓穴，胆战心惊痛活埋。苍天在上请开眼，坑杀好人该不该！如若可赎代他死，百人甘愿赴泉台。盖有非常之功，必待非常之人。历史上的每一次进步、每一段辉煌，背后都离不开那些非凡人物的付出与牺牲，他们用自己的生命，点亮了后人前行的道路。

晨风　国风·秦风

鴥彼晨风,郁彼北林。未见君子,忧心钦钦。如何如何?忘我实多!
山有苞栎,隰有六驳。未见君子,忧心靡乐。如何如何?忘我实多!
山有苞棣,隰有树檖。未见君子,忧心如醉。如何如何?忘我实多!

May
五月
17

如何如何？忘我实多！

怎么办啊，怎么办啊？你把我忘了！这声音充满了淡淡的哀伤与无奈。在时光的长河中，每个人都是过客，重要的是铭记那些温暖的瞬间，让心怀感激继续前行，即使被遗忘，也要优雅地转身，留下最美的背影。

无衣　国风·秦风

岂曰无衣？与子同袍。王于兴师，修我戈矛，与子同仇！
岂曰无衣？与子同泽。王于兴师，修我矛戟，与子偕作！
岂曰无衣？与子同裳。王于兴师，修我甲兵，与子偕行！

May

五月

18

岂曰无衣?与子同袍。
王于兴师,修我戈矛,与子同仇!

谁说我们没衣穿?与你同穿那长袍。君王发兵去交战,修整我那戈与矛,杀敌与你同目标。在这并肩作战的日子里,每一步都踏着相同的节奏,每一声心跳都共鸣着彼此的信念。最好的关系,莫过于有幸遇见,恰好合拍,无论是风雨兼程的战斗,还是平凡生活的点滴,都能心有灵犀、默契相伴。

渭阳 国风·秦风

我送舅氏,曰至渭阳。何以赠之?路车乘黄。
我送舅氏,悠悠我思。何以赠之?琼瑰玉佩。

May
五月
19

我送舅氏,悠悠我思。何以赠之?琼瑰玉佩。

　　我送舅舅归国去,思绪悠悠想娘亲。送给他什么礼物?美玉饰品表我心。人道海水深,不抵思亲半。海水尚有涯,思亲渺无畔。这份深情厚意,如同无边的海洋,超越了时间和空间的限制,将心与心紧紧相连。

权舆 国风·秦风

於我乎,夏屋渠渠,今也每食无余。于嗟乎,不承权舆!
於我乎,每食四簋,今也每食不饱。于嗟乎,不承权舆!

May
五月
20

于嗟乎,不承权舆!

哎呀呀,再也没有当初的福气。这声叹息饱含着对往昔岁月的无限怀念。对于那些已经逝去的美好时光,我们应该心怀感恩,感谢它们曾给过我们温暖与光明。同时,也要学会释怀,放下那些无法挽回的过去,让心灵得以解脱,轻装前行。

宛丘
国风·陈风

子之汤兮，宛丘之上兮。洵有情兮，而无望兮。
坎其击鼓，宛丘之下。无冬无夏，值其鹭羽。
坎其击缶，宛丘之道。无冬无夏，值其鹭翿。

May
五月
21

子之汤兮，宛丘之上兮。洵有情兮，而无望兮。

你舞姿回旋荡漾，舞动在宛丘之上。我倾心恋慕你啊，却不敢存有奢望。你的身影如梦幻般飘逸，令我心驰神往却又不敢靠近。生不逢时，爱不逢人，有缘无分，这份深情只能深埋心底，化作夜空中最寂寞的星光，静静守候着那遥不可及的梦。

东门之枌

国风·陈风

东门之枌,宛丘之栩。子仲之子,婆娑其下。
榖旦于差,南方之原。不绩其麻,市也婆娑。
榖旦于逝,越以鬷迈。视尔如荍,贻我握椒。

May
五月
22

穀旦于逝,越以霰迈。

良辰佳会总前往,屡次登门已相熟。反复的相聚,使我们的情意如涓涓细流,渐渐浸润心田,滋养着彼此的情谊。若有思念,就去见面,带着鲜花和真诚。愿岁月悠悠,情深意长,友情如花,常开不败。

衡门

国风·陈风

衡门之下,可以栖迟。泌之洋洋,可以乐饥。
岂其食鱼,必河之鲂?岂其取妻,必齐之姜?
岂其食鱼,必河之鲤?岂其取妻,必宋之子?

May
五月
23

岂其食鱼，必河之鲤？

难道我们要吃鱼，黄河鲤鱼才可尝？世间美味千千万，何必拘泥于一鱼上。我们不必拘泥于固定的模式或目标，正如不必非要品尝黄河的鲤鱼。古人云："适得其所，各得其宜。"每个人的生活轨迹各不相同，适合自己的才是最美好的。

东门之池

国风·陈风

东门之池,可以沤麻。彼美淑姬,可与晤歌。
东门之池,可以沤纻。彼美淑姬,可与晤语。
东门之池,可以沤菅。彼美淑姬,可与晤言。

May
五月
24

彼美淑姬，可与晤言。

美丽的姑娘，可以与她互诉衷肠。在这红尘滚滚中，觅得一知己，实为人生一大乐事。快节奏的生活中，亦不可忽视了心与心的交流，多些倾听，多些理解，方能共筑情深意长的佳话。琴瑟和鸣，共度良辰美景，不失为人生一大快事。

东门之杨

国风·陈风

东门之杨,其叶牂牂。昏以为期,明星煌煌。
东门之杨,其叶肺肺。昏以为期,明星晢晢。

May

五月

25

昏以为期，明星皙皙。

两人相约在黄昏时分见面，然却久候不见伊人影，直至明星高悬夜幕中。在这漫长的等待里，心中期盼化作无尽的落寞，做不到的承诺跟撒谎没什么区别。古来情深缘浅，信誓旦旦，若不能践履，终归是空话一场，唯有真诚相待，方能不负相遇之缘，共谱一段佳话。

墓门

国风·陈风

墓门有棘,斧以斯之。夫也不良,国人知之。知而不已,谁昔然矣。

墓门有梅,有鸮萃止。夫也不良,歌以讯之。讯予不顾,颠倒思予。

May
五月
26

知而不已,谁昔然矣。

　　知道自己的罪行,却依然如故,从前就是这样了,谁还能改变呢?犯错是成长的代价,改错是成熟的过程。唯有勇于面对自己的错误,矢志不渝地改正,方能在人生之途上步步生莲,臻于至善。愿世人皆能自省其心,自修其行,以达君子之境,成就更好的自己。

防有鹊巢

国风·陈风

防有鹊巢,邛有旨苕。谁侜予美?心焉忉忉!
中唐有甓,邛有旨鹝。谁侜予美?心焉惕惕!

May
五月
27

谁侜予美？心焉忉！

谁在离间我的情人？心里担忧又烦躁。纷扰的情感纠葛，内心的不安如同秋风中的落叶，飘摇不定。因为缺乏安全感，担忧和不安导致内心充满了痛苦和焦虑。在情感的旅途中，唯有内心强大，才能更好地面对各种挑战，守护住那份珍贵的情谊。

月出　国风·陈风

月出皎兮，佼人僚兮。舒窈纠兮，劳心悄兮！
月出皓兮，佼人懰兮。舒忧受兮，劳心慅兮！
月出照兮，佼人燎兮。舒夭绍兮，劳心惨兮！

May
五月
28

月出皎兮，佼人僚兮。舒窈纠兮，劳心悄兮！

多么皎洁的月光，照见你娇美的脸庞，你娴雅苗条的倩影，牵动我深情的愁肠！如梦如幻的月色中，你的身影更添了几分神秘与魅力。人人心中都应该有最皎洁的一轮明月，愿雪月交光处更显安宁与幸福。

株林　国风·陈风

胡为乎株林？从夏南。匪适株林，从夏南。

驾我乘马，说于株野。乘我乘驹，朝食于株。

May
五月
29

胡为乎株林?从夏南。

为何去株邑之郊?只为把夏南寻找。在这条寻觅的路上,每一朵花开都是心的呼唤,每一片绿叶都是情的寄托。愿君如斯,以真诚之心行走世间,无论前方道路如何蜿蜒曲折,都能心怀希望、笑对人生,最终找到心中的"夏南",成就一段美好的佳话。

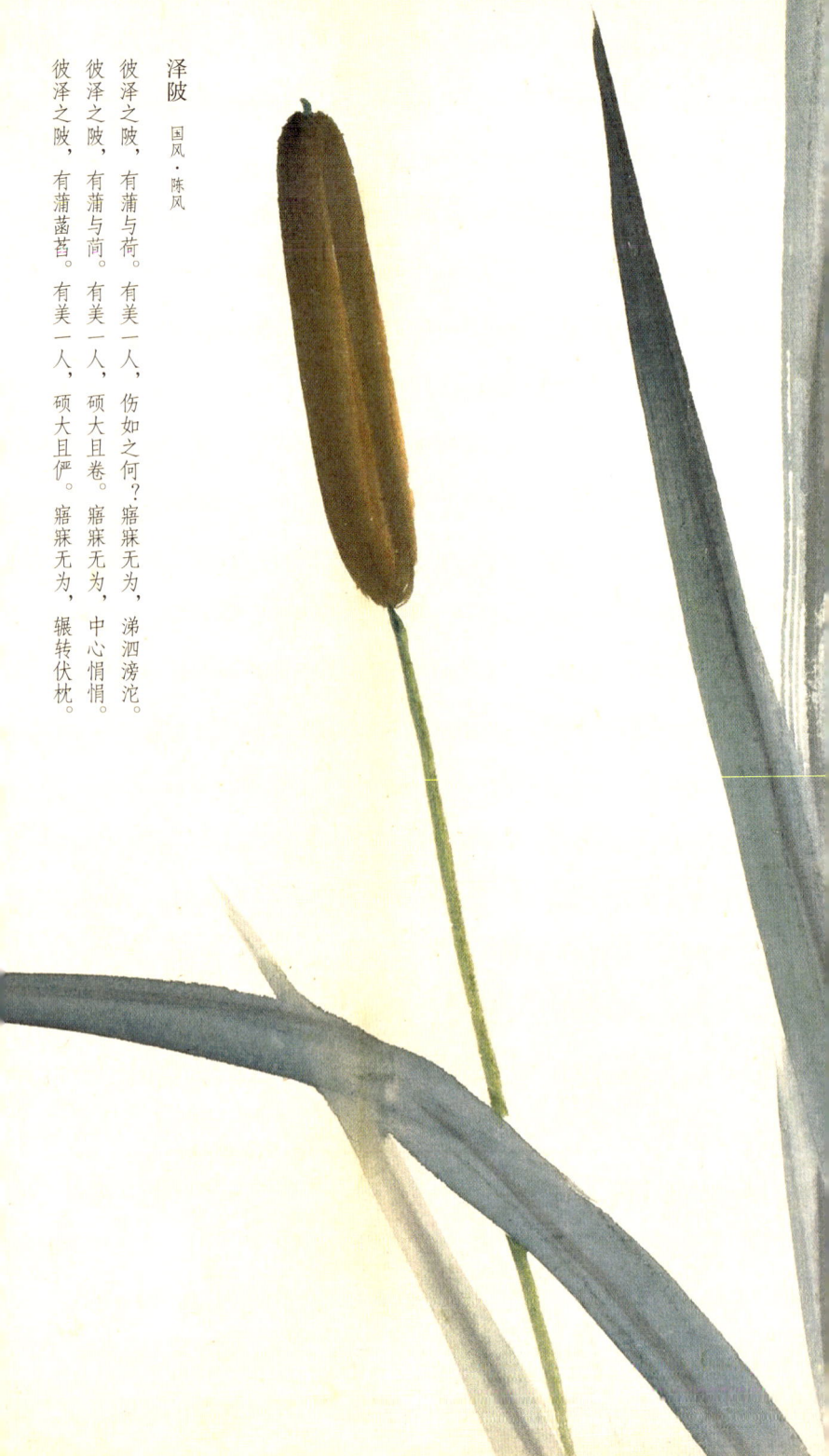

泽陂

国风·陈风

彼泽之陂,有蒲与荷。有美一人,伤如之何?寤寐无为,涕泗滂沱。
彼泽之陂,有蒲与蕳。有美一人,硕大且卷。寤寐无为,中心悁悁。
彼泽之陂,有蒲菡萏。有美一人,硕大且俨。寤寐无为,辗转伏枕。

May

五月

30

　　寤寐无为，辗转伏枕。

　　日夜相思睡不着，翻来覆去空烦恼。漫长的夜晚，心中充满了忧虑和痛苦，思绪如同无尽的波涛，翻涌不息。请不要过度依赖对方来满足自己的情感需求，而是要学会独立和自给自足。唯有内心强大，才能在爱与被爱之间找到平衡，让情感之路更加稳健与美好。

羔裘 国风·桧风

羔裘逍遥,狐裘以朝。岂不尔思?劳心忉忉。
羔裘翱翔,狐裘在堂。岂不尔思?我心忧伤!
羔裘如膏,日出有曜。岂不尔思?中心是悼!

May

五月

31

岂不尔思？我心忧伤！

难道我不思念你？心有顾虑暗忧伤！此情此景，心中虽有千般不舍，却也只能默默承受。可惜思念无声，幸好思念无声，它可以悄悄地藏于心间，不惊扰你的清梦，却在每一个寂静的夜晚化作最温柔的月光，照亮我前行的路，即便独处亦能感受到爱的温暖。

June

六月

陆

素冠 国风·桧风

庶见素冠兮,棘人栾栾兮,劳心慱慱兮。
庶见素衣兮,我心伤悲兮,聊与子同归兮。
庶见素韠兮,我心蕴结兮,聊与子如一兮。

June
六月
1

庶见素衣兮，我心伤悲兮，聊与子同归兮。

有幸见你穿白衣守礼如仪，我也情不自禁地哀戚伤悲，好想和你一路同行相携归去。你化为长夜间的一脉流星，身后是昨日的烟火与你爱的人间。你以自由的灵魂吻过阑珊的记忆，我将过往的云烟纳入天灯，赠予明月。我们约定再次重逢，在又一轮回的晚风间，那时必以灵魂相拥。

隰有苌楚

国风·桧风

隰有苌楚，猗傩其枝。夭之沃沃，乐子之无知。

隰有苌楚，猗傩其华。夭之沃沃，乐子之无家。

隰有苌楚，猗傩其实。夭之沃沃，乐子之无室。

June

六月

2

隰有苌楚，猗傩其枝。夭之沃沃，乐子之无知。

低洼地上长羊桃，蔓长藤绕枝繁茂。鲜嫩润泽长势好，羡你无知不烦恼。在这片生机勃勃的土地上，每一种生命都在以自己的方式绽放：去热情，去自由，去追逐，从此鲜花赠自己，纵马踏花向自由。没人鼓掌，不耽误我优雅的谢幕。

匪风 国风·桧风

匪风发兮,匪车偈兮。顾瞻周道,中心怛兮。
匪风飘兮,匪车嘌兮。顾瞻周道,中心吊兮。
谁能亨鱼?溉之釜䥶。谁将西归?怀之好音。

扫码听音频

June
六月
3

顾瞻周道，中心怛兮。

回顾通周的大道渐行渐远，心里陡然涌起无尽的忧伤。在人生的旅途中，我们时常会面临与亲人、朋友或熟悉环境的分离，这种分离会让我们感到孤独、忧伤和不安。然而，正是这些经历让我们更加珍惜与亲人、朋友的相聚时光，更加感恩和珍惜每一个瞬间。

蜉蝣

国风·曹风

蜉蝣之羽,衣裳楚楚。心之忧矣,于我归处。
蜉蝣之翼,采采衣服。心之忧矣,于我归息。
蜉蝣掘阅,麻衣如雪。心之忧矣,于我归说。

June
六月
4

蜉蝣掘阅，麻衣如雪。心之忧矣，于我归说。

柔嫩的蜉蝣刚刚破土而出，轻轻舞动雪白的羽翅。叹其生命短暂，我忧郁满怀，在这短暂而脆弱的生命面前，不禁让人深思存在的意义。尽管生命短暂，但也要勇敢地活出自己的价值，哪怕只是一瞬的光辉，也要在天地间留下属于自己的印记。

候人 国风·曹风

彼候人兮,何戈与祋。彼其之子,三百赤芾。
维鹈在梁,不濡其翼。彼其之子,不称其服。
维鹈在梁,不濡其咮。彼其之子,不遂其媾。
荟兮蔚兮,南山朝隮。婉兮娈兮,季女斯饥。

扫码听音频

June
六月
5

荟兮蔚兮,南山朝隮。

云漫漫啊雾弥弥,南山早晨出彩虹。这幅美丽的画面,仿佛是大自然最温柔的馈赠。忙碌的工作和学习之余,不妨抽出一些时间,去欣赏身边的美景,别忽略了身边的美好,要去感受大自然的美好和宁静。

鸤鸠

国风·曹风

鸤鸠在桑,其子七兮。淑人君子,其仪一兮。其仪一兮,心如结兮。

鸤鸠在桑,其子在梅。淑人君子,其带伊丝。其带伊丝,其弁伊骐。

鸤鸠在桑,其子在棘。淑人君子,其仪不忒。其仪不忒,正是四国。

鸤鸠在桑,其子在榛。淑人君子,正是国人。正是国人,胡不万年!

June

六月

6

淑人君子,其仪一兮。其仪一兮,心如结兮。

品性善良的好君子,仪容端庄始终如一。仪容端庄始终如一,内心操守坚如磐石。这样的君子,如同玉般温润,又如山般坚定,他以不变的品格让人感受到真诚与美好的力量,赢得了世人的尊敬与爱戴。愿世间多有这样的君子,为这个世界带来更多的和谐与美好。

下泉 国风·曹风

冽彼下泉,浸彼苞稂。忾我寤叹,念彼周京。
冽彼下泉,浸彼苞萧。忾我寤叹,念彼京周。
冽彼下泉,浸彼苞蓍。忾我寤叹,念彼京师。
芃芃黍苗,阴雨膏之。四国有王,郇伯劳之。

June

六月

7

芃芃黍苗，阴雨膏之。

黍苗长得非常茂盛，湿润的雨水滋养着它们。我们都是一株株正在成长的黍苗，都需要得到适当的滋养和支持。这些滋养和支持可能来自家庭、朋友、导师、同事，甚至是社会的整体环境和文化氛围。珍惜并感恩来自各方的滋养和支持的同时，也要学会成为他人的滋养和支持。

七月（一）　国风·豳风

七月流火，九月授衣。一之日觱发，二之日栗烈。无衣无褐，何以卒岁。
三之日于耜，四之日举趾。同我妇子，馌彼南亩，田畯至喜。
七月流火，九月授衣。春日载阳，有鸣仓庚。女执懿筐，遵彼微行，爰求柔桑。
春日迟迟，采蘩祁祁。女心伤悲，殆及公子同归。
七月流火，八月萑苇。蚕月条桑，取彼斧斨，以伐远扬，猗彼女桑。
七月鸣鵙，八月载绩。载玄载黄，我朱孔阳，为公子裳。

June
六月
8

　　七月流火,九月授衣。

　　七月大火向西落,九月妇女缝寒衣。这不仅是季节更替的自然规律,也是人间温情的体现。春有百花秋有月,夏有凉风冬有雪。若无闲事在心头,便是人间好时节。

七月（二） 国风·豳风

四月秀葽，五月鸣蜩。八月其获，十月陨箨。一之日于貉，取彼狐狸，为公子裘。
二之日其同，载缵武功。言私其豵，献豣于公。
五月斯螽动股，六月莎鸡振羽。七月在野，八月在宇，九月在户，十月蟋蟀入我床下。
穹窒熏鼠，塞向墐户。嗟我妇子，曰为改岁，入此室处。
六月食郁及薁，七月亨葵及菽。八月剥枣，十月获稻，为此春酒，以介眉寿。
七月食瓜，八月断壶，九月叔苴，采荼薪樗，食我农夫。

June
六月
9

> 七月在野,八月在宇,九月在户,
> 十月蟋蟀入我床下。

　　七月蟋蟀在田野,八月来到屋檐下,九月蹦进门口,十月钻进我床下。这不仅是季节变换的自然现象,也是岁月流转中的温馨记忆。你看这年复一年,春光不必趁早,夏蝉不会迟到,相聚别离都是刚刚好,去放空心情,遇见更好的自己,遇见更美的山野。

七月(三) 国风·豳风

九月筑场圃,十月纳禾稼。黍稷重穋,禾麻菽麦。嗟我农夫,我稼既同,上入执宫功。昼尔于茅,宵尔索绹。亟其乘屋,其始播百谷。二之日凿冰冲冲,三之日纳于凌阴。四之日其蚤,献羔祭韭。九月肃霜,十月涤场。朋酒斯飨,曰杀羔羊。跻彼公堂,称彼兕觥,万寿无疆。

June
六月
10

跻彼公堂,称彼兕觥,万寿无疆。

　　登上主人的庙堂,举杯共同敬主人,齐声高呼万寿无疆。在这庄严而温馨的时刻,大家的心紧紧相连。人间烟火最抚凡人心,生活不止诗和远方,还有风吹麦浪秋收季。春耕秋收,忙忙碌碌,一日三餐,四方食事,这就是生活。

鸱鸮　国风·豳风

鸱鸮鸱鸮，既取我子，无毁我室。恩斯勤斯，鬻子之闵斯！

迨天之未阴雨，彻彼桑土，绸缪牖户。今女下民，或敢侮予！

予手拮据，予所捋荼，予所蓄租，予口卒瘏，曰予未有室家。

予羽谯谯，予尾翛翛，予室翘翘。风雨所漂摇，予维音哓哓！

June
六月
11

恩斯勤斯，鬻子之闵斯！

日夜操劳费心，养育孩子又累又乏！爱就像一场轮回，你在父母曾经走过的路上拾级而上。最后才慢慢明白，所谓的长大成人，其实就是：你一天比一天更接近天空，而父母却一寸又一寸地归于尘土。

东山(一) 国风·豳风

我徂东山,慆慆不归。我来自东,零雨其濛。我东曰归,我心西悲。
制彼裳衣,勿士行枚。蜎蜎者蠋,烝在桑野。敦彼独宿,亦在车下。
我徂东山,慆慆不归。我来自东,零雨其濛。果臝之实,亦施于宇。
伊威在室,蠨蛸在户。町畽鹿场,熠耀宵行。亦可畏也,伊可怀也。

June
六月
12

> 我徂东山，慆慆不归。我来自东，
> 零雨其濛。我东曰归，我心西悲。

　　自我远征东山东，回家愿望久成空。如今我从东山回，满天小雨雾蒙蒙。才说要从东山归，我心忧伤早西飞。归途漫漫，心中充满了对家的思念。村里的风景平淡但耐看，也许老家并不便利，却最温暖治愈。每当灶火燃起，香气弥漫，熟悉的味道植入记忆深处，家才有完整的意义。

东山（二）

国风·豳风

我徂东山，慆慆不归。我来自东，零雨其濛。鹳鸣于垤，妇叹于室。洒扫穹窒，我征聿至。有敦瓜苦，烝在栗薪。自我不见，于今三年。
我徂东山，慆慆不归。我来自东，零雨其濛。仓庚于飞，熠耀其羽。之子于归，皇驳其马。亲结其缡，九十其仪。其新孔嘉，其旧如之何。

June
六月
13

仓庚于飞，熠耀其羽。之子于归，皇驳其马。
亲结其缡，九十其仪。其新孔嘉，其旧如之何？

当年黄莺正飞翔，黄莺毛羽有辉光。那人过门做新娘，迎亲骏马白透黄。娘为女儿结佩巾，婚仪繁缛多过场。新婚甫提有多美，现在重逢会怎样！时光荏苒，岁月如梭，曾经的美好时光仿佛还在昨天。冬至何来蝉蛹，雪又怎能隔年，原是相思无解。

破斧　国风·豳风

既破我斧，又缺我斨。周公东征，四国是皇。哀我人斯，亦孔之将。

既破我斧，又缺我锜。周公东征，四国是吪。哀我人斯，亦孔之嘉。

既破我斧，又缺我銶。周公东征，四国是遒。哀我人斯，亦孔之休。

扫码听音频

June
六月
14

既破我斧,又缺我斨。周公东征,四国是皇。
哀我人斯,亦孔之将。

激烈征伐中斧头砍坏了,我们的方形斧也砍得缺残。英武的周公率领我们东征,匡正四方之国平息了叛乱。可怜我们这些战后余生的人,也是命大且多亏苍天有眼!在这场血与火的洗礼中,我们经历了生死的考验,更加珍惜来之不易的和平。无论四季如何更迭,心中的火焰永不熄灭,继续书写属于自己的传奇。

伐柯

国风·豳风

伐柯如何?匪斧不克。取妻如何?匪媒不得。

伐柯伐柯,其则不远。我觏之子,笾豆有践。

June
六月
15

伐柯如何？匪斧不克。

  问如何砍伐柯木？没有斧头就无法完成砍伐的任务。"假舆马者，非利足也，而致千里；假舟楫者，非能水也，而绝江河。"在人生的旅途中，善于借助外物的力量，才能达到更高的境界，实现更大的目标。

九罭 国风·豳风

九罭之鱼,鳟鲂。我觏之子,衮衣绣裳。
鸿飞遵渚,公归无所,于女信处。
鸿飞遵陆,公归不复,于女信宿。
是以有衮衣兮,无以我公归兮,无使我心悲兮。

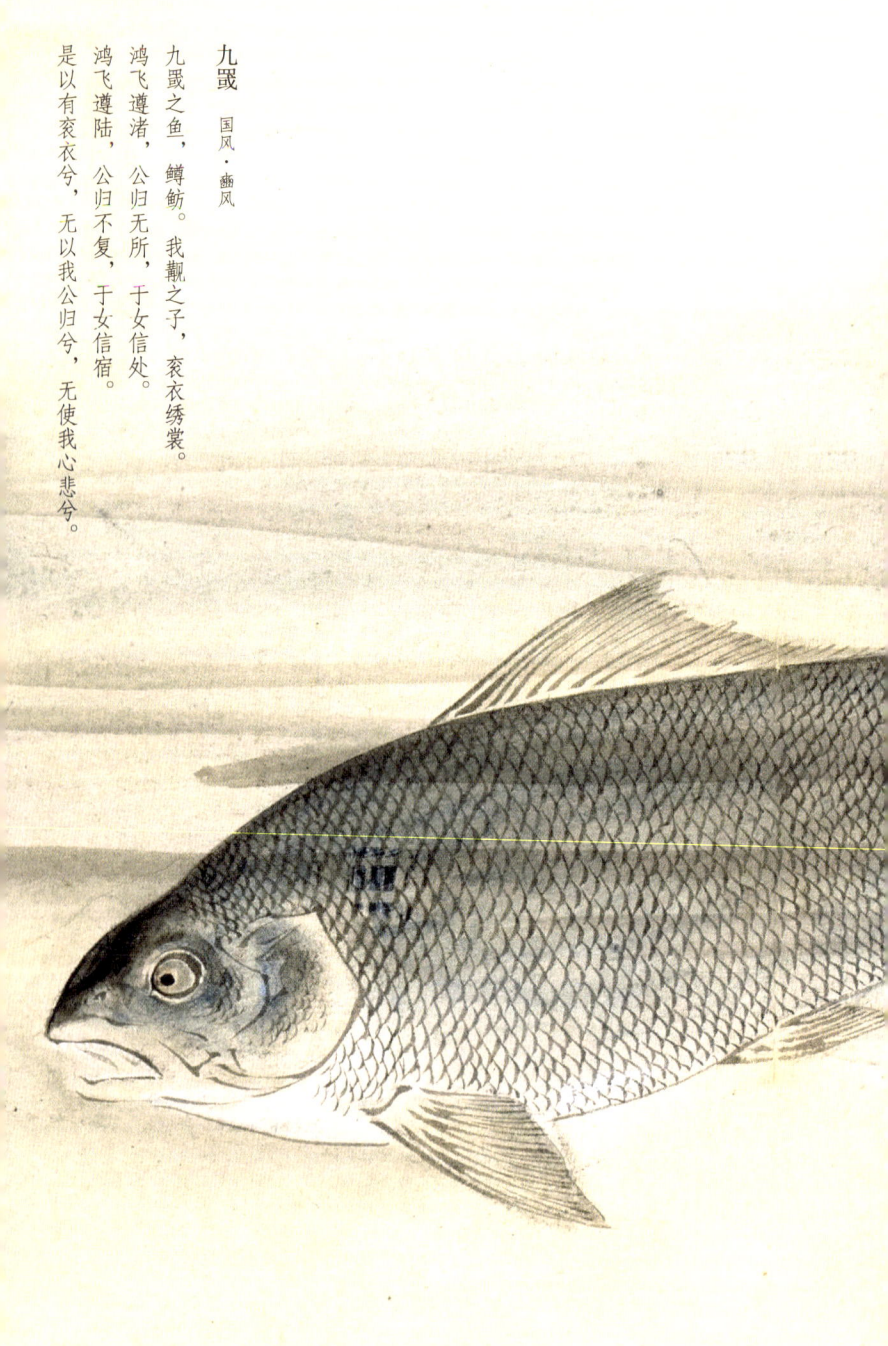

June

六月

16

无以我公归兮,无使我心悲兮。

请客人不要离开,不要让主人添烦恼。在这温馨的聚会中,每一刻相聚都弥足珍贵,每一句笑语都如春风拂面,每一声祝福都如暖阳照心。愿此刻的欢聚成为永恒的记忆,愿友谊长存。在这美好的时光里愿我们在未来的日子里,无论身处何方,都能心存美好,情谊绵长。

狼跋　国风·豳风

狼跋其胡,载疐其尾。公孙硕肤,赤舄几几。
狼疐其尾,载跋其胡。公孙硕肤,德音不瑕?

June
六月
17

狼疐其尾,载跋其胡。公孙硕肤,德音不瑕?

狼后退就踩着自己的尾巴,向前行就踏着自己的下巴。公孙心宽体又胖,品德声望美无瑕?世间纷繁复杂,保持内心的纯洁与高尚尤为珍贵。"虚心竹有低头叶,傲骨梅无仰面花。"正如竹子谦逊而坚韧,梅花高洁而不傲慢,真正的品德之美,不在于表面的炫耀,而在于内心的修养与坚持。

鹿鸣 小雅

呦呦鹿鸣,食野之苹。我有嘉宾,鼓瑟吹笙。吹笙鼓簧,承筐是将。人之好我,示我周行。
呦呦鹿鸣,食野之蒿。我有嘉宾,德音孔昭。视民不恌,君子是则是效。我有旨酒,嘉宾式燕以敖。
呦呦鹿鸣,食野之芩。我有嘉宾,鼓瑟鼓琴。鼓瑟鼓琴,和乐且湛。我有旨酒,以燕乐嘉宾之心。

扫码听音频

June
六月
18

呦呦鹿鸣,食野之苹。我有嘉宾,鼓瑟吹笙。

一群鹿儿呦呦叫,在那原野吃艾蒿。我有一批好宾客,弹琴吹笙奏乐调。在这和谐美好的氛围中,每个人都能找到属于自己的位置,创造出美妙的乐章,每个人都能够找到自己的舞台,绽放出最耀眼的光芒。

四牡

小雅

四牡骓骓,周道倭迟。岂不怀归?王事靡盬,我心伤悲。
四牡骓骓,啴啴骆马。岂不怀归?王事靡盬,不遑启处。
翩翩者鵻,载飞载下,集于苞栩。王事靡盬,不遑将父。
翩翩者鵻,载飞载止,集于苞杞。王事靡盬,不遑将母。
驾彼四骆,载骤骎骎。岂不怀归?是用作歌,将母来谂。

June
六月
19

> 四牡騑騑，周道倭迟。岂不怀归？
> 王事靡盬，我心伤悲。

　　四匹雄壮的骏马向前飞奔，宽广的大路遥迢而又漫长。难道我不想回到我的家乡？但君王的差使还没有完成，我内心里禁不住暗暗悲伤。一轮圆月融进几多思念，茫茫夜空写下几多挂牵，把酝酿已久的思念交给秋风，将期待团圆的心放飞空中，在中秋斑驳的夜空下想念你我的故乡。

皇皇者华　小雅

皇皇者华，于彼原隰。駪駪征夫，每怀靡及。
我马维驹，六辔如濡。载驰载驱，周爰咨诹。
我马维骐，六辔如丝。载驰载驱，周爰咨谋。
我马维骆，六辔沃若。载驰载驱，周爰咨度。
我马维骃，六辔既均。载驰载驱，周爰咨询。

June
六月
20

皇皇者华,于彼原隰。駪駪征夫,每怀靡及。

鲜花朵朵金灿灿,盛开洼地和高原。使者往来急匆匆,唯恐使命完不成。在这繁忙的旅途中,所有人都在为自己的使命而奔走。鸟儿自由落体般的降落,犹如树在林中倒下那充满哲意的谜。我想,谜底必然是,不管我们要不要或知不知道,美和天地兀自展现。

常棣（一） 小雅

常棣之华，鄂不韡韡。凡今之人，莫如兄弟。
死丧之威，兄弟孔怀。原隰裒矣，兄弟求矣。
脊令在原，兄弟急难。每有良朋，况也永叹。
兄弟阋于墙，外御其务。每有良朋，烝也无戎。

June
六月
21

> 死丧之威，兄弟孔怀。

遭遇死亡威胁，兄弟最为关心。在这危难时刻，亲情的力量显得尤为珍贵。有时想来，人生最美，莫过于身边有几人可共笑共患难。此情非血缘所系，却因相聚而生，因共度岁月而愈坚，终成不可割舍之血脉。人生有这样几位知己相伴，共同经历风雨，分享欢乐，才是最宝贵的财富。

常棣（二） 小雅

丧乱既平,既安且宁。虽有兄弟,不如友生。
傧尔笾豆,饮酒之饫。兄弟既具,和乐且孺。
妻子好合,如鼓瑟琴。兄弟既翕,和乐且湛。
宜尔室家,乐尔妻帑。是究是图,亶其然乎?

June
六月
22

　　虽有兄弟，不如友生。

　　虽有兄弟，有时却不如知心好友。在太平岁月里，心灵相通的朋友，往往比血缘更近，能给予我们更深的慰藉与支持。真正的友谊，不在于朝夕相处，而在于心灵的相知与共鸣，能在关键时刻给予我们力量。

伐木 小雅

伐木丁丁,鸟鸣嘤嘤。出自幽谷,迁于乔木。嘤其鸣矣,求其友声。
相彼鸟矣,犹求友声。矧伊人矣,不求友生?神之听之,终和且平。

伐木许许,酾酒有藇。既有肥羜,以速诸父。宁适不来,微我弗顾。
於粲洒扫,陈馈八簋。既有肥牡,以速诸舅。宁适不来,微我有咎。

伐木于阪,酾酒有衍。笾豆有践,兄弟无远。民之失德,干糇以愆。
有酒湑我,无酒酤我。坎坎鼓我,蹲蹲舞我。迨我暇矣,饮此湑矣。

June 六月 23

相彼鸟矣，犹求友声。

仔细端详那小鸟，尚且求友欲相亲。连鸟类都知道寻找伙伴，互相呼应，何况人呢？人更应该懂得寻求和珍惜友谊，与朋友相互扶持，共同前进。人海中再回首，朋友真诚依旧，重逢时心境平和温柔。往事如风，岁月如歌，漫漫人生路，沧桑几许，幸福几何。

天保

小雅

天保定尔,亦孔之固。俾尔单厚,何福不除?俾尔多益,以莫不庶。

天保定尔,俾尔戬穀。罄无不宜,受天百禄。降尔遐福,维日不足。

天保定尔,以莫不兴。如山如阜,如冈如陵,如川之方至,以莫不增。

吉蠲为饎,是用孝享。禴祠烝尝,于公先王。君曰卜尔,万寿无疆。

神之吊矣,诒尔多福。民之质矣,日用饮食。群黎百姓,遍为尔德。

如月之恒,如日之升。如南山之寿,不骞不崩。如松柏之茂,无不尔或承。

June

六月

24

君曰卜尔,万寿无疆。

君主说,我为你占卜,愿你长寿无边。这不仅是祝愿,更是一种深情的关怀与期望。如果朋友过生日或者有什么庆祝活动,你可以用这句话给他们送上祝福:"哥们儿,祝你万寿无疆,帅到地老天荒。"

采薇(一) 小雅

采薇采薇,薇亦作止。曰归曰归,岁亦莫止。靡室靡家,猃狁之故。
不遑启居,猃狁之故。
采薇采薇,薇亦柔止。曰归曰归,心亦忧止。忧心烈烈,载饥载渴。
我戍未定,靡使归聘。
采薇采薇,薇亦刚止。曰归曰归,岁亦阳止。王事靡盬,不遑启处。
忧心孔疚,我行不来。

June

六月

25

日归日归,岁亦莫止。

说回家呀道回家,眼看一年又结束啦。慨叹时间流逝,抒发渴望归家之情。不管多忙,记得给自己放个假,去看看那些一直在等待你的人,让他们知道,无论外面的世界多精彩,你的心里始终有他们一席之地。

采薇(二) 小雅

彼尔维何？维常之华。彼路斯何？君子之车。戎车既驾，四牡业业。岂敢定居？一月三捷。

驾彼四牡，四牡骙骙。君子所依，小人所腓。四牡翼翼，象弭鱼服。岂不日戒？猃狁孔棘！

昔我往矣，杨柳依依。今我来思，雨雪霏霏。行道迟迟，载渴载饥。我心伤悲，莫知我哀！

June
六月
26

昔我往矣,杨柳依依。

回想当年出征时,杨柳依依随风吹。那情景如同一幅动人的画面,让人难以忘怀。就像是一位即将踏上新旅程的朋友在社交媒体上发的状态:"还记得我走的那天吗?风轻轻吹过,路边的柳树好像也在挥手告别。"

出车(一) 小雅

我出我车,于彼牧矣。自天子所,谓我来矣。召彼仆夫,谓之载矣。王事多难,维其棘矣。

我出我车,于彼郊矣。设此旐矣,建彼旄矣。彼旟旐斯,胡不旆旆?忧心悄悄,仆夫况瘁。

王命南仲,往城于方。出车彭彭,旂旐央央。天子命我,城彼朔方。赫赫南仲,猃狁于襄。

June

六月

27

忧心悄悄，仆夫况瘁。

心忧能否歼敌，士兵行军辛劳。紧张而疲惫的征程中，每一步都充满了挑战。加班很累的时候，感觉自己像一辆快要没油的车。这时候请放松心情，简单地泡一杯热茶，静静地享受一段属于自己的时光。在这短暂的宁静中，让心灵得到休憩，重新找回前行的力量。

出车(二) 小雅

昔我往矣,黍稷方华。今我来思,雨雪载涂。王事多难,不遑启居。岂不怀归?畏此简书。

喓喓草虫,趯趯阜螽。未见君子,忧心忡忡。既见君子,我心则降。赫赫南仲,薄伐西戎。

春日迟迟,卉木萋萋。仓庚喈喈,采蘩祁祁。执讯获丑,薄言还归。赫赫南仲,狁于夷。

June
六月
28

既见君子，我心则降。

见到想念的人，心中郁闷全消解。见到你的那一刻，思念化作温暖的笑容。初见是惊鸿一瞥，南柯一梦是你；等待是山重水复，怦然心动是你；相遇是柳暗花明，如梦初醒是你；重逢是始料未及，别来无恙是你。第一眼就看上的人哪有那么容易忘记。

杕杜 小雅

有杕之杜,有睆其实。王事靡盬,继嗣我日。日月阳止,女心伤止,征夫遑止。

有杕之杜,其叶萋萋。王事靡盬,我心伤悲。卉木萋止,女心悲止,征夫归止!

陟彼北山,言采其杞。王事靡盬,忧我父母。檀车幝幝,四牡痯痯,征夫不远。

匪载匪来,忧心孔疚。期逝不至,而多为恤。卜筮偕止,会言近止,征夫迩止。

June
六月
29

女心悲止,征夫归止!

　　女子心里多忧伤,望那征人早还乡!等待的每一刻都充满了对归人的期盼,而我也在等,等微风回来;等你回眸,笑里温柔。我在等,等满天星光,等你的回眸,等那句我愿意,等最终的结局。

鱼丽

小雅

鱼丽于罶,鲿鲨。君子有酒,旨且多。
鱼丽于罶,鲂鳢。君子有酒,多且旨。
鱼丽于罶,鰋鲤。君子有酒,旨且有。
物其多矣,维其嘉矣!
物其旨矣,维其偕矣!
物其有矣,维其时矣!

June
六月
30

物其多矣,维其嘉矣!

　　食物丰盛实在妙,质量又是非常好!在这美好的宴会上,每一道菜肴都散发着诱人的香气。当你的好朋友宴请你的时候,看到丰盛的宴席,你可以吟出这句诗,感谢朋友对你的盛情招待。

不学《诗》
无以言

July
七月

柒

南有嘉鱼 小雅

南有嘉鱼,烝然罩罩。君子有酒,嘉宾式燕以乐。
南有嘉鱼,烝然汕汕。君子有酒,嘉宾式燕以衎。
南有樛木,甘瓠累之。君子有酒,嘉宾式燕绥之。
翩翩者鵻,烝然来思。君子有酒,嘉宾式燕又思。

July
七月
1

> 南有嘉鱼,烝然汕汕。

南国美丽的鱼儿啊,随水流自由地聚会游乐。在这片清澈的水域中,每一条鱼儿都尽情展示着生命的活力。生而自由、爱而无畏,河流从不催促过河的人,不只玫瑰有爱意,相逢的人会再相逢。

南山有台

小雅

南山有台,北山有莱。乐只君子,邦家之基。乐只君子,万寿无期。
南山有桑,北山有杨。乐只君子,邦家之光。乐只君子,万寿无疆。
南山有杞,北山有李。乐只君子,民之父母。乐只君子,德音不已。
南山有栲,北山有杻。乐只君子,遐不眉寿?乐只君子,德音是茂。
南山有枸,北山有楰。乐只君子,遐不黄耇?乐只君子,保艾尔后。

July
七月
2

乐只君子,邦家之光。

君子很快乐,为国争荣光。在这片热土上,每一分努力都凝聚着对国家的热爱与奉献。我们生在红旗下,长在春风里,目光所至皆为华夏,五星闪耀皆为信仰。愿做萤火,不惧黑暗,用星星点亮的光照亮大地。

蓼萧

小雅

蓼彼萧斯,零露湑兮。既见君子,我心写兮。燕笑语兮,是以有誉处兮。
蓼彼萧斯,零露瀼瀼。既见君子,为龙为光。其德不爽,寿考不忘。
蓼彼萧斯,零露泥泥。既见君子,孔燕岂弟。宜兄宜弟,令德寿岂。
蓼彼萧斯,零露浓浓。既见君子,鞗革冲冲。和鸾雍雍,万福攸同。

July
七月
3

燕笑语兮,是以有誉处兮。

　　一边宴饮一边谈笑,因此大家喜洋洋。在这欢声笑语中,友情的温暖如同春日阳光,照耀着每一个人的心田。人生得三五知己足矣。闲暇之时,知己好友聚在一起,且笑且歌,岂不美哉。相聚一刻,胜过千言万语,让我们珍惜此刻,把酒言欢,畅谈人生。

湛露

小雅

湛湛露斯，匪阳不晞。厌厌夜饮，不醉无归。
湛湛露斯，在彼丰草。厌厌夜饮，在宗载考。
湛湛露斯，在彼杞棘。显允君子，莫不令德。
其桐其椅，其实离离。岂弟君子，莫不令仪。

July
七月
4

岂弟君子,莫不令仪。

和乐宽厚的君子,处处表现好仪容。在这份从容与优雅中,展现出的是对生活的热爱与尊重。无论是在生活还是工作中,都要保持干净整洁的仪容,这样既是对他人的尊重,也能唤醒对生活的热爱,更能让自己的每一天都春和景明、充满阳光。

彤弓

小雅

彤弓弨兮,受言藏之。我有嘉宾,中心贶之。钟鼓既设,一朝飨之。
彤弓弨兮,受言载之。我有嘉宾,中心喜之。钟鼓既设,一朝右之。
彤弓弨兮,受言櫜之。我有嘉宾,中心好之。钟鼓既设,一朝酬之。

July
七月
5

钟鼓既设,一朝飨之。

　　钟鼓乐器列堂前,晨曦初照设酒筵。良辰美景已备齐,只待嘉宾笑语喧。宴席将启,丝竹悠扬,觥筹交错间,诸君久别重逢,共叙离情别绪。此番欢聚,忘却尘世烦忧,尽享良宵美景,共度难忘时光。

菁菁者莪

小雅

菁菁者莪,在彼中阿。既见君子,乐且有仪。
菁菁者莪,在彼中沚。既见君子,我心则喜。
菁菁者莪,在彼中陵。既见君子,锡我百朋。
泛泛杨舟,载沉载浮。既见君子,我心则休。

July
七月
6

既见君子,我心则休。

　　已经见了那君子,我的心里多欢畅。在这相聚的时刻,心中的喜悦难以言表。我们期望找到跟自己同频共振的那一部分人,或许与我们同频的人并不多,但我们终会在某一刻相遇。总会有那个人,让我们觉得——人间值得。

六月（一） 小雅

六月栖栖，戎车既饬。四牡骙骙，载是常服。
玁狁孔炽，我是用急。王于出征，以匡王国。

比物四骊，闲之维则。维此六月，既成我服。
我服既成，于三十里。王于出征，以佐天子。

四牡修广，其大有颙。薄伐玁狁，以奏肤公。
有严有翼，共武之服。共武之服，以定王国。

July
七月
7

王于出征，以匡王国。

周王命我去征讨，保卫国家莫推辞。在这重任面前，唯有忠心报国，不负所托。愿以此心寄华夏，且将岁月赠山河。在这宏图伟业中，愿我们都能尽自己的一份力，守护这片土地的安宁与繁荣。

六月(二) 小雅

玁狁匪茹,整居焦获。侵镐及方,至于泾阳。
织文鸟章,白旆央央。元戎十乘,以先启行。
戎车既安,如轾如轩。四牡既佶,既佶且闲。
薄伐玁狁,至于大原。文武吉甫,万邦为宪。
吉甫燕喜,既多受祉。来归自镐,我行永久。
饮御诸友,炰鳖脍鲤。侯谁在矣,张仲孝友。

July
七月
8

戎车既安,如轾如轩。

我们兵车很安全,前后高低都稳健。漫漫征途上,无论道路如何崎岖,我们都已做好了充分的准备。若一路平坦,就从容而行;若荆棘丛生,也能披荆斩棘。在这段旅程中,我们将坚定前行,不畏艰难,共同迎接胜利的曙光。

采芑（一） 小雅

薄言采芑，于彼新田，于此菑亩。方叔莅止，其车三千。师干之试，方叔率止。
乘其四骐，四骐翼翼。路车有奭，簟茀鱼服，钩膺鞗革。
薄言采芑，于彼新田，于此中乡。方叔莅止，其车三千。旂旐央央，方叔率止。
约軝错衡，八鸾玱玱。服其命服，朱芾斯皇，有玱葱珩。

July
七月
9

服其命服,朱芾斯皇,有玱葱珩。

朝廷礼服穿在身,红色蔽膝亮堂堂,绿色佩玉玱玱响。在这庄重的场合,每一步都显得格外从容与优雅。意气风发的少年啊,一袭红衣,为国争光,恰似青葱美玉,惊艳了谁的时光。

采芑(二) 小雅

鴥彼飞隼,其飞戾天,亦集爰止。方叔莅止,其车三千。师干之试。
方叔率止,钲人伐鼓,陈师鞠旅。显允方叔,伐鼓渊渊,振旅阗阗。
蠢尔蛮荆,大邦为雠。方叔元老,克壮其犹。方叔率止,执讯获丑。
戎车啴啴,啴啴焞焞,如霆如雷。显允方叔,征伐玁狁,蛮荆来威。

July
七月
10

鴥彼飞隼,其飞戾天,亦集爰止。

鹰隼振翅疾飞翔,迅猛直上抵云天,忽而落在栖树上。在这片广阔的天空中,每一只鹰隼都展示着自由与力量。少年应立凌云志,以梦为马踏年华。愿每一个年轻的心灵都能像鹰隼,勇敢追求自己的梦想,无论前方的道路多么崎岖,都能一往无前。

车攻 小雅

我车既攻,我马既同。四牡庞庞,驾言徂东。
田车既好,四牡孔阜。东有甫草,驾言行狩。
之子于苗,选徒嚣嚣。建旐设旄,搏兽于敖。
驾彼四牡,四牡奕奕。赤芾金舄,会同有绎。
决拾既佽,弓矢既调。射夫既同,助我举柴。
四黄既驾,两骖不猗。不失其驰,舍矢如破。
萧萧马鸣,悠悠旆旌。徒御不惊,大庖不盈。
之子于征,有闻无声。允矣君子,展也大成。

July
七月
11

之子于征,有闻无声。允矣君子,展也大成。

天子猎罢踏归程,但见队伍下闻声。勇武果敢真天子,确实成功有才能。在这宏大的场景中,天子的威仪与风采尽显无遗。当我们要和最好的朋友各自奔天涯时,请祝福他眼眸有星辰,心中有山海,前路光辉灿烂吧。愿他在未来的道路上勇敢坚定,成就一番伟业。

吉日 小雅

吉日维戊，既伯既祷。田车既好，四牡孔阜。升彼大阜，从其群丑。
吉日庚午，既差我马。兽之所同，麀鹿麌麌。漆沮之从，天子之所。
瞻彼中原，其祁孔有。儦儦俟俟，或群或友。悉率左右，以燕天子。
既张我弓，既挟我矢。发彼小豝，殪此大兕。以御宾客，且以酌醴。

July

七月

12

瞻彼中原，其祁孔有。

遥望原野漫无边，地方广大物富有。在这片辽阔的土地上，每一处都蕴藏着自然的恩赐与生命的奇迹。从雪域高原之巅到杏花春雨江南，从大漠孤烟塞北到碧海连天无边，从万里奔腾长河到山水田园牧歌，中国美得好似一幅画，恰如一首诗。

鸿雁 小雅

鸿雁于飞,肃肃其羽。之子于征,劬劳于野。爰及矜人,哀此鳏寡。

鸿雁于飞,集于中泽。之子于垣,百堵皆作。虽则劬劳,其究安宅?

鸿雁于飞,哀鸣嗸嗸。维此哲人,谓我劬劳。维彼愚人,谓我宣骄。

July
七月
13

鸿雁于飞,肃肃其羽。

鸿雁翩翩空中飞,扇动双翅嗖嗖响。在这秋意渐浓的季节里,它们带着对远方的向往,穿越千山万水。走进秋雨里,寻一声陷落的鸿雁声吧,它会告知你,它将栖息在南方的山野水泊,也会向你讲述它见过的残冬。

庭燎　小雅

夜如何其？夜未央，庭燎之光。君子至止，鸾声将将。

夜如何其？夜未艾，庭燎晳晳。君子至止，鸾声哕哕。

夜如何其？夜乡晨，庭燎有辉。君子至止，言观其旂。

扫码听音频

July
七月
14

夜如何其？夜未央，庭燎之光。

现在夜色啥时光？夜色还早天未亮，庭中火烛放光芒。在这宁静的夜晚，火光跳跃，映照出一片温馨的景象。夜空里繁星点点，月亮躲在飘浮的云朵后面，在幽蓝的天幕上时隐时现。这是远离喧嚣、寻得内心一方净土的时刻。

沔水 小雅

沔彼流水,朝宗于海。鴥彼飞隼,载飞载止。嗟我兄弟,邦人诸友。莫肯念乱,谁无父母?

沔彼流水,其流汤汤。鴥彼飞隼,载飞载扬。念彼不迹,载起载行。心之忧矣,不可弭忘。

鴥彼飞隼,率彼中陵。民之讹言,宁莫之惩?我友敬矣,谗言其兴。

July
七月
15

我友敬矣,谗言其兴。

告诫朋友应警惕,种种谣言正如沸。在这信息纷杂的时代,谣言如同野草般蔓延。谣言起于谋者,兴于愚者,止于智者。诚然,作为智者,我们应当保持清醒的头脑,辨别真伪,不被谣言所迷惑。只有这样,才能在繁复的信息中找到真相,守护内心的宁静与明智。

鹤鸣 小雅

鹤鸣于九皋,声闻于野。鱼潜在渊,或在于渚。乐彼之园,爰有树檀,其下维萚。它山之石,可以为错。
鹤鸣于九皋,声闻于天。鱼在于渚,或潜在渊。乐彼之园,爰有树檀,其下维榖。它山之石,可以攻玉。

July
七月
16

鹤鸣于九皋,声闻于野。

幽幽沼泽仙鹤唳,鸣声响亮上云天。在这宁静的湿地中,仙鹤的叫声穿透云层,响彻天际。在浩瀚的天地间,鹤舞翩翩,悠悠我心。让我们都拥有一颗像丹顶鹤一样纯净、高远的心吧,无论身处何方,都能不为世俗所扰,自在地翱翔于天际。

祈父 小雅

祈父,予王之爪牙。胡转予于恤?靡所止居!
祈父,予王之爪士。胡转予于恤?靡所厎止!
祈父,亶不聪。胡转予于恤?有母之尸饔。

July

七月

17

胡转予于恤，靡所底止。

为何让我去征戍？跑来跑去无休止。这漫长的征途中，身心疲惫在所难免。短暂的人生总是起起伏伏，也许你正在为生活奔波，或是正在被病痛折磨，但也请继续充满希望地前行，用心感受每一天。

白驹

小雅

皎皎白驹,食我场苗。絷之维之,以永今朝。所谓伊人,于焉逍遥?
皎皎白驹,食我场藿。絷之维之,以永今夕。所谓伊人,于焉嘉客?
皎皎白驹,贲然来思。尔公尔侯,逸豫无期。慎尔优游,勉尔遁思。
皎皎白驹,在彼空谷。生刍一束,其人如玉。毋金玉尔音,而有遐心。

July

七月

18

> 毋金玉尔音,而有遐心。

音讯不要太自珍,切莫疏远忘友情。现实生活中,我们常常因为忙碌而忽略了彼此,但我相信,有些友情不会被时间打败。无论何时何地,只要你需要,我都会在这里,倾听你的心声,分享你的喜怒哀乐。别怕打扰,若是你来,便永远不会是打扰,因为我们从来陌生过!

黄鸟　小雅

黄鸟黄鸟，无集于穀，无啄我粟。此邦之人，不我肯穀。言旋言归，复我邦族。

黄鸟黄鸟，无集于桑，无啄我粱。此邦之人，不可与明。言旋言归，复我诸兄。

黄鸟黄鸟，无集于栩，无啄我黍。此邦之人，不可与处。言旋言归，复我诸父。

July
七月
19

言旋言归,复我邦族。

还是回去、快回去,返回亲爱的故乡。归乡的路上,心中充满了对故土的思念与渴望。傍晚,残阳已隐入云端,群山在暮霭中更显苍茫。独自坐在江边,任江风拂面,看车来船往。在这一刻,不说什么过往,不谈什么聚散,只是默默地念着,有一个地方,叫作家乡。

我行其野

小雅

我行其野,蔽芾其樗。昏姻之故,言就尔居。尔不我畜,复我邦家。
我行其野,言采其蓫。昏姻之故,言就尔宿。尔不我畜,言归斯复。
我行其野,言采其葍。不思旧姻,求尔新特。成不以富,亦只以异。

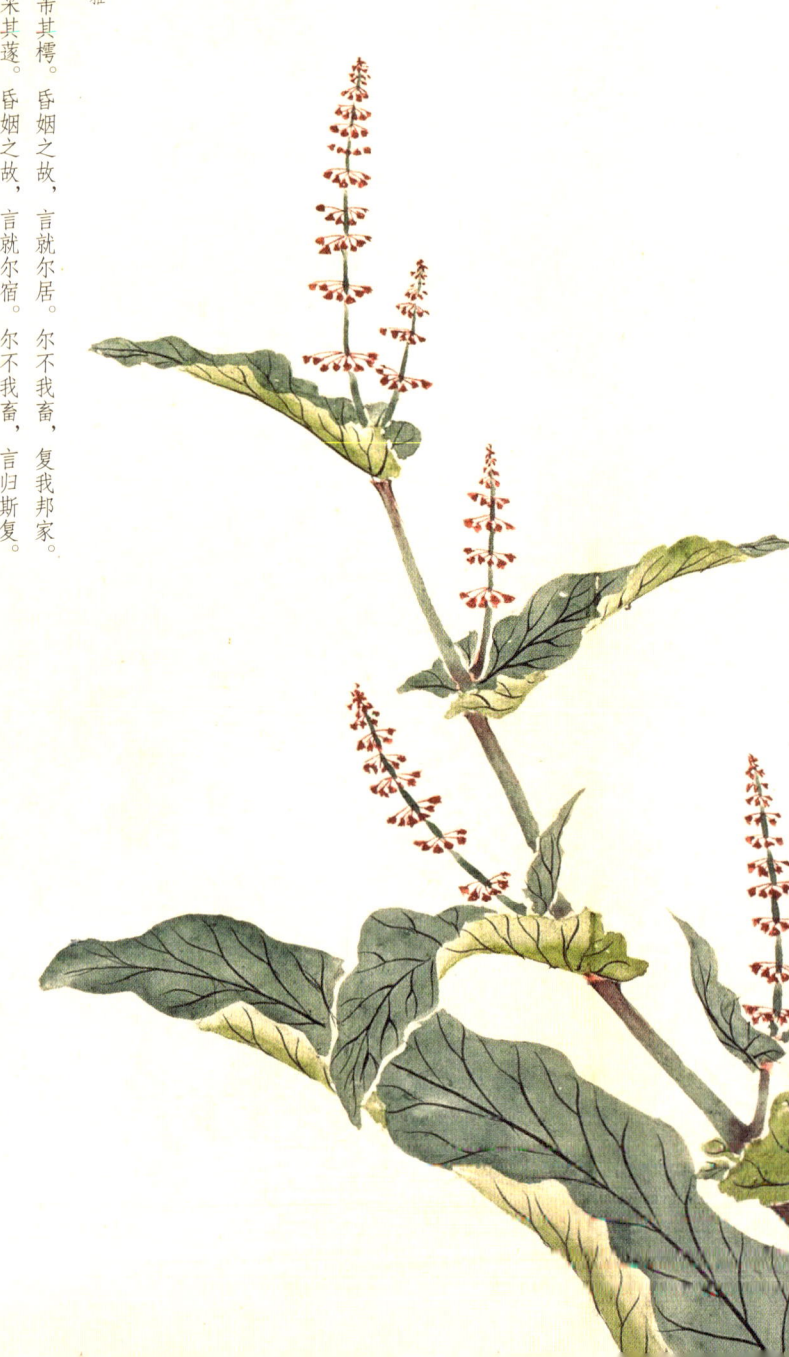

July

七月

20

尔不我畜，复我邦家。

你不好好善待我，只有回到我故土。我不活在你给的人设里，我生以悦我，而非他人所困。盛不盛开，花都是花，有你没你，我都是我。在这段不再被珍惜的关系中，或许回归故土才是最好的选择。人生本来短暂，为什么还要我培苦涩。我们可以拥有自己的旷野，去奔跑吧！

斯干（一） 小雅

秩秩斯干，幽幽南山。如竹苞矣，如松茂矣。兄及弟矣，式相好矣，无相犹矣。
似续妣祖，筑室百堵，西南其户。爰居爰处，爰笑爰语。
约之阁阁，椓之橐橐。风雨攸除，鸟鼠攸去，君子攸芋。
如跂斯翼，如矢斯棘，如鸟斯革，如翚斯飞。君子攸跻。
殖殖其庭，有觉其楹。哙哙其正，哕哕其冥。君子攸宁。

July
七月
21

兄及弟矣,式相好矣,无相犹矣。

宽厚的兄长和知礼的贤弟,彼此情深意长亲密无间,没有我算计你来你算计我。在这份纯真的亲情中,信任与理解是维系关系的基石。走正直诚实的生活之路,定会有一个问心无愧的归宿。无论世事如何变迁,保持一颗正直的心,真诚待人,最终定能找到属于自己的安宁与幸福。

斯干(二)　小雅

下莞上簟，乃安斯寝。乃寝乃兴，乃占我梦。吉梦维何？维熊维罴，维虺维蛇。
大人占之：维熊维罴，男子之祥；维虺维蛇，女子之祥。
乃生男子，载寝之床。载衣之裳，载弄之璋。其泣喤喤，朱芾斯皇，室家君王。
乃生女子，载寝之地。载衣之裼，载弄之瓦。无非无仪，唯酒食是议，无父母诒罹。

July
七月
22

下莞上簟,乃安斯寝。

铺好蒲席再铺竹凉席,高枕无忧进入甜美的梦乡。在这宁静的夜晚,一切都显得那么安详与美好。星星在闪烁,月亮在微笑,愿它们陪伴你进入甜美的梦乡。晚安,我的朋友。

无羊 小雅

谁谓尔无羊？三百维群。谁谓尔无牛？九十其犉。尔羊来思，其角濈濈。尔牛来思，其耳湿湿。

或降于阿，或饮于池，或寝或讹。尔牧来思，何蓑何笠，或负其餱。三十维物，尔牲则具。

尔牧来思，以薪以蒸，以雌以雄。尔羊来思，矜矜兢兢，不骞不崩。麾之以肱，毕来既升。

牧人乃梦：众维鱼矣，旐维旟矣，大人占之：众维鱼矣，实维丰年。旐维旟矣，室家溱溱。

July
七月
23

众维鱼矣，实维丰年。

蝗虫化鱼是吉兆，预示来年大丰收。美好的预兆让人们的心中充满了希望与喜悦。愿以雪意祈丰年，静守春来万物新。在这片充满生机的土地上，每一场瑞雪都是大自然的恩赐，每一缕春风都是希望的呼唤。愿来年的田野里，稻谷丰盈，果园硕果累累，人们的生活更加美好。

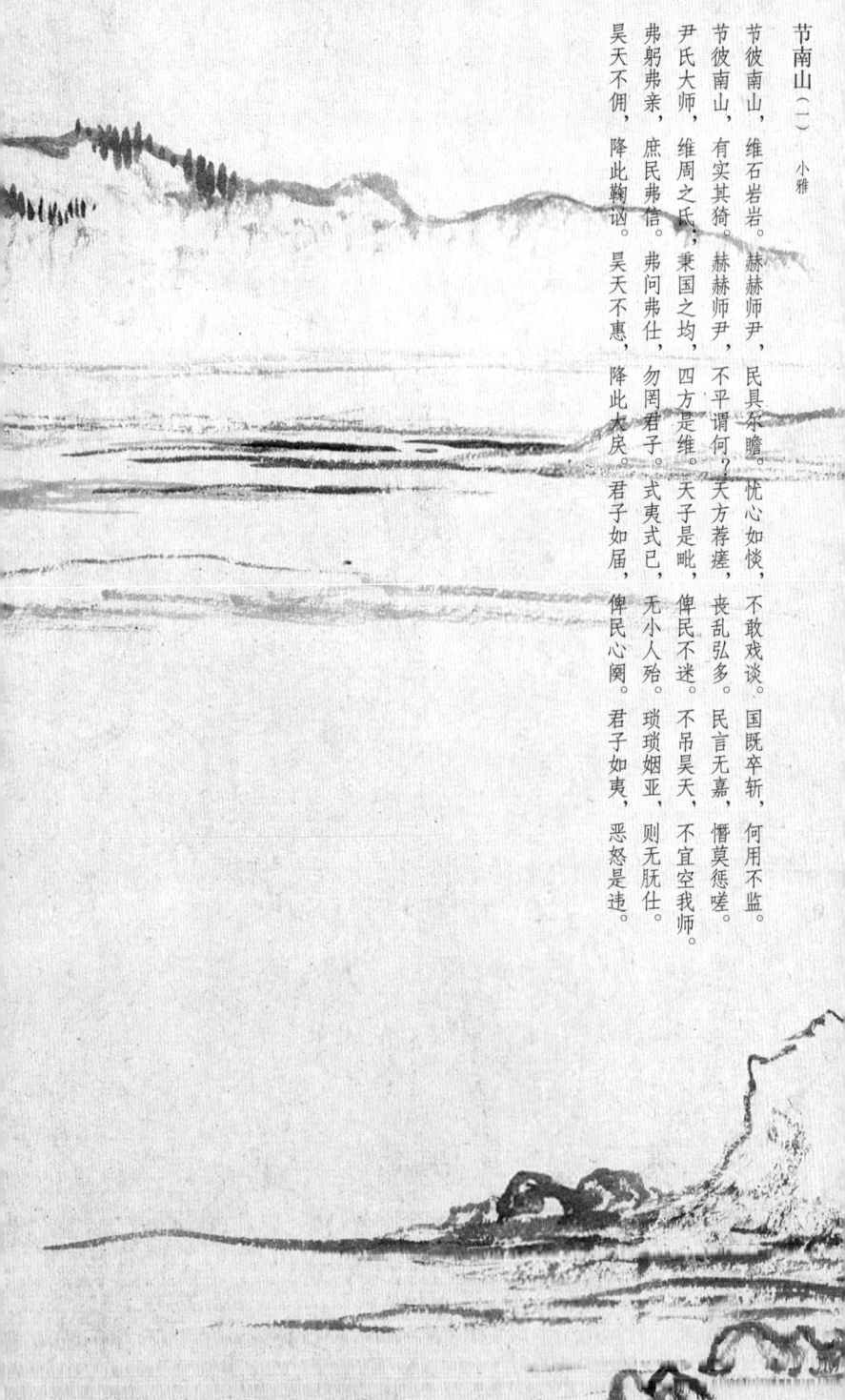

节南山(一) 小雅

节彼南山,维石岩岩。赫赫师尹,民具尔瞻。忧心如惔,不敢戏谈。国既卒斩,何用不监。

节彼南山,有实其猗。赫赫师尹,不平谓何?天方荐瘥,丧乱弘多。民言无嘉,憯莫惩嗟。

尹氏大师,维周之氐;秉国之均,四方是维。天子是毗,俾民不迷。不吊昊天,不宜空我师。

弗躬弗亲,庶民弗信。弗问弗仕,勿罔君子。式夷式已,无小人殆。琐琐姻亚,则无膴仕。

昊天不佣,降此鞠讻。昊天不惠,降此大戾。君子如届,俾民心阕。君子如夷,恶怒是违。

July
七月
24

节彼南山，维石岩岩。

邪嵯峨的终南山上，巨石高峻而耸巍。巍峨的山岳上，每一块石头都见证着岁月的沧桑与自然的伟大。无人扶我青云志，我自踏雪至山巅。山不向我走来，我便向山走去。你只管坚持向上，高处自有答案。

节南山（二） 小雅

不吊昊天，乱靡有定。式月斯生，俾民不宁。
忧心如酲，谁秉国成？不自为政，卒劳百姓。
驾彼四牡，四牡项领。我瞻四方，蹙蹙靡所骋。
方茂尔恶，相尔矛矣。既夷既怿，如相酬矣。
昊天不平，我王不宁。不惩其心，覆怨其正。
家父作诵，以究王讻。式讹尔心，以畜万邦。

July
七月
25

我瞻四方，蹙蹙靡所骋。

　　我站在车上瞻望四方风景，心头茫然不知向何处驰骋！在这广阔的天地间，有时我们会感到迷茫与不确定。但请记住，再滂沱的风雨，在浩瀚的天空下终将放晴；再泥泞的征途，在奋力的前行中必能抵达。

正月（一） 小雅

正月繁霜，我心忧伤。民之讹言，亦孔之将。念我独兮，忧心京京。哀我小心，癙忧以痒。

父母生我，胡俾我瘉？不自我先，不自我后。好言自口，莠言自口。忧心愈愈，是以有侮。

忧心茕茕，念我无禄。民之无辜，并其臣仆。哀我人斯，于何从禄？瞻乌爰止，于谁之屋？

瞻彼中林，侯薪侯蒸。民今方殆，视天梦梦。既克有定，靡人弗胜。有皇上帝，伊谁云憎？

July
七月
26

既克有定,靡人弗胜。

如果天命已确定,没人抗拒能奏效。在这不可违逆的天意面前,我们似乎显得渺小而无力。似乎只见山赶着山,山山漫漫结成关,人赶着人,潦潦草草都走散。然而!你我皆是天命人,我命由我不由天。无论未来如何,只要心中有光,脚下就有路。

正月（二） 小雅

谓山盖卑，为冈为陵。民之讹言，宁莫之惩？召彼故老，讯之占梦。具曰予圣，谁知乌之雌雄？
谓天盖高，不敢不局。谓地盖厚，不敢不蹐。维号斯言，有伦有脊。哀今之人，胡为虺蜴？
瞻彼阪田，有菀其特。天之扤我，如不我克。彼求我则，如不我得。执我仇仇，亦不我力。
心之忧矣，如或结之。今兹之正，胡然厉矣！燎之方扬，宁或灭之。赫赫宗周，褒姒灭之！

July

七月

27

谓山盖卑,为冈为陵。

人说山丘多么低,实为高峰与峻岭。这不仅是对自然景观的描述,也是对人生哲理的深刻思考。我们看到的一切都是一个视角,真正的智慧在于能够跳出自我局限,从多个角度去理解和体会这个世界,这样才能更接近事情的本质,拥有更加全面的认识。

正月（三） 小雅

终其永怀，又窘阴雨。其车既载，乃弃尔辅。载输尔载，将伯助予！
无弃尔辅，员于尔辐。屡顾尔仆，不输尔载。终逾绝险，曾是不意。
鱼在于沼，亦匪克乐。潜虽伏矣，亦孔之炤。忧心惨惨，念国之为虐！
彼有旨酒，又有嘉肴。洽比其邻，昏姻孔云。念我独兮，忧心殷殷。
佌佌彼有屋，蔌蔌方有谷。民今之无禄，天夭是椓。哿矣富人，哀此惸独。

July
七月
28

终逾绝险,曾是不意。

这样终能渡艰险,莫将此事等闲看。在这条充满挑战的道路上,每一步都需谨慎,不可轻视任何细节。细枝末节,是那些容易让人忽略,有时却是最能决定成败的事物。因此,无论大事小事,都应用心对待,全力以赴。

十月之交（一） 小雅

十月之交，朔月辛卯。日有食之，亦孔之丑。
彼月而微，此日而微。今此下民，亦孔之哀。
日月告凶，不用其行。四国无政，不用其良。
彼月而食，则维其常。此日而食，于何不臧。
烨烨震电，不宁不令。百川沸腾，山冢崒崩。
高岸为谷，深谷为陵。哀今之人，胡憯莫惩。
皇父卿士，番维司徒。家伯维宰，仲允膳夫。
棸子内史，蹶维趣马。楀维师氏，艳妻煽方处。

July
七月
29

> 哀今之人，胡憯莫惩。

可叹当世执政者，不修善政解灾凶。在这动荡不安的世道中，若不及时采取措施，消除隐患，终将酿成大祸。却是平流无石处，时时闻说有沉沦。即便是看似平静的水面下也可能暗藏危机，防微杜渐，警钟长鸣。

十月之交（二） 小雅

抑此皇父，岂曰不时？胡为我作，不即我谋？
彻我墙屋，田卒污莱。曰予不戕，礼则然矣。
皇父孔圣，作都于向。择三有事，亶侯多藏。
不慭遗一老，俾守我王。择有车马，以居徂向。
黾勉从事，不敢告劳。无罪无辜，谗口嚣嚣。
下民之孽，匪降自天。噂沓背憎，职竞由人。
悠悠我里，亦孔之痗。四方有羡，我独居忧。
民莫不逸，我独不敢休。天命不彻，我不敢效我友自逸。

July
七月
30

> 嬉笑背憎，职竟由人。

当面聚欢背后恨，罪责应由小人担。在这复杂的人际关系中，总有那些表里不一的小人，给他人带来伤害。无论是面对小人的算计，还是生活的不如意，都应以一颗平和的心态去应对，这样才能活得更加从容与自在。就像这句话：人生难有真圆满，自在心宽便自由。

小旻 小雅

旻天疾威，敷于下土。谋犹回遹，何日斯沮？
谋臧不从，不臧覆用。我视谋犹，亦孔之邛。
潝潝訿訿，亦孔之哀。谋之其臧，则具是违。
谋之不臧，则具是依。我视谋犹，伊于胡底。
我龟既厌，不我告犹。谋夫孔多，是用不集。
发言盈庭，谁敢执其咎？如匪行迈谋，是用不得于道。
哀哉为犹，匪先民是程，匪大犹是经。
维迩言是听，维迩言是争。如彼筑室于道谋，是用不溃于成。
国虽靡止，或圣或否。民虽靡膴，或哲或谋，或肃或艾。
如彼泉流，无沦胥以败。
不敢暴虎，不敢冯河。人知其一，莫知其他。
战战兢兢，如临深渊，如履薄冰。

July
七月
31

战战兢兢，如临深渊，如履薄冰。

面对政局我战兢，就像面临深深渊，就像脚踏薄薄冰。在这变幻莫测的环境中，每一步都需谨慎行事，稍有不慎便可能陷入困境。尽小者大，慎微者著。注重细微之处，方能成就大业；谨慎对待小事，才能配享成功。

August

八月

捌

雨无正(一) 小雅

浩浩昊天,不骏其德。降丧饥馑,斩伐四国。昊天疾威,弗虑弗图。
舍彼有罪,既伏其辜。若此无罪,沦胥以铺。
周宗既灭,靡所止戾。正大夫离居,莫知我勚。三事大夫,莫肯夙夜。
邦君诸侯,莫肯朝夕。庶曰式臧,覆出为恶。
如何昊天,辟言不信。如彼行迈,则靡所臻。凡百君子,各敬尔身。
胡不相畏,不畏于天?

August
八月
1

如彼行迈,则靡所臻。

就好比那走路人慢慢腾腾,永远不能到达目的地。但这并不是说慢就没有希望,千里之行,始于足下。蜗牛也总有一天能够抵达它的葡萄架,关键在于是否坚持不懈,是否有明确的目标和坚定的意志。生活亦是如此,每一步的积累,最终会汇聚成成功的道路

雨无正（二） 小雅

戎成不退，饥成不遂。曾我暬御，憯憯日瘁。凡百君子，莫肯用讯。听言则答，谮言则退。

哀哉不能言，匪舌是出，维躬是瘁。哿矣能言，巧言如流，俾躬处休。

维曰于仕，孔棘且殆。云不可使，得罪于天子。亦云可使，怨及朋友。

谓尔迁于王都，曰予未有室家。鼠思泣血，无言不疾。昔尔出居，谁从作尔室？

扫码听音频

August
八月
2

哀哉不能言,匪舌是出,维躬是瘁。

可怜啊!那不善言谈之人,其实他们并不是笨嘴拙舌,而是投入工作鞠躬尽瘁!这些人往往在幕后默默付出,不善言辞,但他们的努力和奉献却丝毫不亚于任何人。行动是最真的告白,不是言语堆砌的泡沫,唯有真心付出,才能长久温暖人心。

小宛 小雅

宛彼鸣鸠,翰飞戾天。我心忧伤,念昔先人。明发不寐,有怀二人。
人之齐圣,饮酒温克。彼昏不知,壹醉日富。各敬尔仪,天命不又。
中原有菽,庶民采之。螟蛉有子,蜾蠃负之。教诲尔子,式穀似之。
题彼脊令,载飞载鸣。我日斯迈,而月斯征。夙兴夜寐,毋忝尔所生。
交交桑扈,率场啄粟。哀我填寡,宜岸宜狱。握粟出卜,自何能穀?
温温恭人,如集于木。惴惴小心,如临于谷。战战兢兢,如履薄冰。

August
八月
3

宛彼鸣鸠，翰飞戾天。

那个小小斑鸠鸟，展翅高飞在云天。尽管身形微小，但它依然勇敢地翱翔于蓝天之上。苔花如米小，也学牡丹开。这不仅是对自然界中弱小生命顽强生命力的赞美，也是对人类不屈不挠精神的颂扬。无论身处何种境地，只要有梦想、有勇气，就能够绽放出属于自己的光彩。

小弁(一)　小雅

弁彼鸒斯,归飞提提。民莫不穀,我独于罹。
何辜于天?我罪伊何?心之忧矣,云如之何!
踧踧周道,鞠为茂草。我心忧伤,惄焉如捣。
假寐永叹,维忧用老。心之忧矣,疢如疾首。
维桑与梓,必恭敬止。靡瞻匪父,靡依匪母。
不属于毛,不罹于里。天之生我,我辰安在?

菀彼柳斯,鸣蜩嘒嘒。有漼者渊,萑苇淠淠。
譬彼舟流,不知所届,心之忧矣,不遑假寐。

August
八月
4

靡瞻匪父，靡依匪母。

　　无时无刻不敬仰我的父亲，无时无刻不依恋我的母亲。父母的慈爱与教诲永远铭记在心，常回家看看吧，别让父母的等待成为遗憾。无论我们身在何处，都不要忘记那份源自家庭的温暖与牵挂。

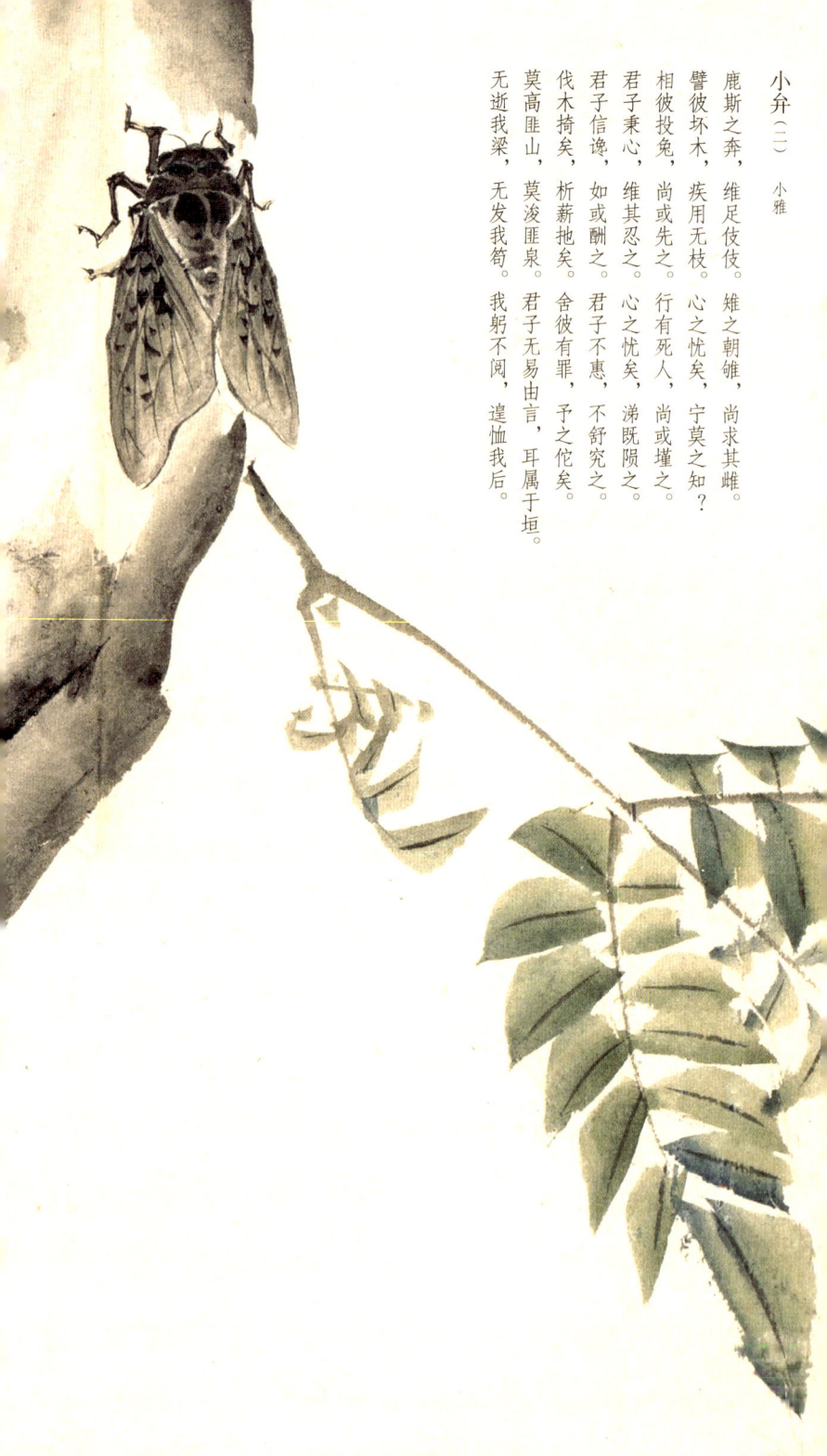

小弁(二) 小雅

鹿斯之奔,维足伎伎。雉之朝雊,尚求其雌。
譬彼坏木,疾用无枝。心之忧矣,宁莫之知?
相彼投兔,尚或先之。行有死人,尚或墐之。
君子秉心,维其忍之。心之忧矣,涕既陨之。
君子信谗,如或酬之。君子不惠,不舒究之。
伐木掎矣,析薪扡矣。舍彼有罪,予之佗矣。
莫高匪山,莫浚匪泉。君子无易由言,耳属于垣。
无逝我梁,无发我笱。我躬不阅,遑恤我后。

August
八月
5

君子无易由言，耳属于垣。

君子不能轻发言，有人耳朵贴墙边。言语需谨慎，以免无意中伤害他人或引起不必要的误会。夸奖的话可以脱口而出，诋毁的话要三思而后说。每个人都觉得我只是轻踩一下，那就是千军万马踩过。

巧言(一) 小雅

悠悠昊天，曰父母且。无罪无辜，乱如此怃。昊天已威，予慎无罪。昊天大怃，予慎无辜。

乱之初生，僭始既涵。乱之又生，君子信谗。君子如怒，乱庶遄沮。君子如祉，乱庶遄已。

君子屡盟，乱是用长。君子信盗，乱是用暴。盗言孔甘，乱是用餤。匪其止共，维王之邛。

August
八月
6

君子如祉,乱庶遄已。

君子如能任贤明,祸乱难成早已终。在这条治理国家与个人发展的道路上,选对人、用对人至关重要。人生是一场漫长的试错之旅,起初都会面临参数不适配的问题,不断调整,才知道哪些因素影响成像的质量,才会清楚自己想要的画面该如何呈现。

巧言(三) 小雅

奕奕寝庙,君子作之。秩秩大猷,圣人莫之。他人有心,予忖度之。跃跃毚兔,遇犬获之。

荏染柔木,君子树之。往来行言,心焉数之。蛇蛇硕言,出自口矣。巧言如簧,颜之厚矣。

彼何人斯?居河之麋。无拳无勇,职为乱阶。既微且尰,尔勇伊何?为犹将多,尔居徒几何?

August
八月
7

他人有心,予忖度之。

他人有心想诋毁,我能揣测、能料及。复杂的人际关系中,我们需要保持警惕,同时也不失内心的平和与坚定。知足而坚定,温柔且有追求。种自己的花,爱自己的宇宙。无论外界如何变化,都要坚守自己的内心,专注于自己的目标与梦想。

何人斯（一） 小雅

彼何人斯？其心孔艰。胡逝我梁，不入我门？伊谁云从？维暴之云。

二人从行，谁为此祸？胡逝我梁，不入唁我？始者不如今，云不我可。

彼何人斯？胡逝我陈？我闻其声，不见其身。不愧于人？不畏于天？

彼何人斯？其为飘风。胡不自北？胡不自南？胡逝我梁？祇搅我心。

August
八月
8

彼何人斯？其为飘风。

那到底是什么样的人啊？他好像那飘忽不定的疾风。在这变幻莫测的世界里，有些人就像一阵阵突如其来的风，来去无踪，让人捉摸不透。在漫长的生命中，我们似乎总在等候一场又一场的季候风。我们希望"好风凭借力，送我上青云"，在自由的风里奔跑，过不被定义的生活。

何人斯(二) 小雅

尔之安行,亦不遑舍。尔之亟行,遑脂尔车。壹者之来,云何其盱。
尔还而入,我心易也。还而不入,否难知也。壹者之来,俾我祇也。
伯氏吹埙,仲氏吹篪。及尔如贯,谅不我知,出此三物,以诅尔斯。
为鬼为蜮,则不可得。有靦面目,视人罔极。作此好歌,以极反侧。

August
八月
9

　　壹者之来，云何其盱。

　　就请你百忙之中来一次吧，为何这样难，让我望眼欲穿？在这漫长的等待中，心中充满了期盼与不安，仿佛每一刻都变得漫长而煎熬。陌上花开，可缓缓归矣。希望你能在这美好的季节里，归来，让我们相聚一堂，共赏这春日美景，共叙旧日情谊。

巷伯（一） 小雅

萋兮斐兮，成是贝锦。彼谮人者，亦已大甚！
哆兮侈兮，成是南箕。彼谮人者，谁适与谋？
缉缉翩翩，谋欲谮人。慎尔言也，谓尔不信。
捷捷幡幡，谋欲谮言。岂不尔受？既其女迁。

August

八月

10

慎尔言也,谓尔不信。

劝你说话负点儿责,否则往后没人听。在这纷繁复杂的社会中,言语的力量不容小觑。言语是笔尖下的画师,一笔一画皆需慎重,以免绘错人生画卷。只有负责任地使用语言,才能在人际交往中建立起良好的信誉,赢得他人的尊重与信赖。

巷伯(二) 小雅

骄人好好,劳人草草。苍天苍天!视彼骄人,矜此劳人!
彼谮人者,谁适与谋?取彼谮人,投畀豺虎。豺虎不食,投畀有北。有北不受,投畀有昊!
杨园之道,猗于亩丘。寺人孟子,作为此诗。凡百君子,敬而听之。

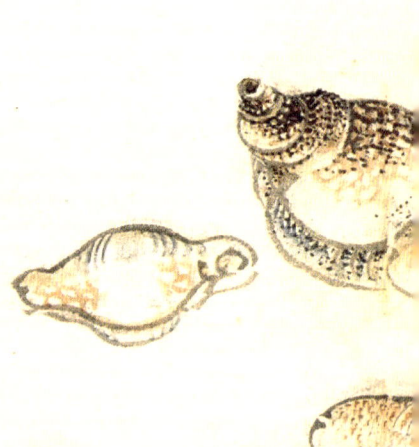

August
八月
11

取彼谮人，投畀豺虎。

抓住这个害人精，丢到野外喂豺虎。这句话表达了对恶行的强烈谴责和对正义的渴望。走正直诚实的生活道路，定会有一个问心无愧的归宿。无论世事如何变迁，保持一颗正直的心，真诚待人，坚守道德底线，最终定能找到属于自己的安宁与幸福。

谷风 小雅

习习谷风,维风及雨。将恐将惧,维予与女。将安将乐,女转弃予。
习习谷风,维风及颓。将恐将惧,置予于怀。将安将乐,弃予如遗。
习习谷风,维山崔嵬。无草不死,无木不萎。忘我大德,思我小怨。

August
八月
12

将恐将惧，置予于怀。

当年担惊受怕时，你搂我在怀抱里。那时的温暖与安慰，至今仍铭记于心。你很重要，这句话的意思是：即使我们不见面、不联系，心里面也总会留一个位置安安稳稳地放着你。

蓼莪（一） 小雅

蓼蓼者莪，匪莪伊蒿。哀哀父母，生我劬劳。
蓼蓼者莪，匪莪伊蔚。哀哀父母，生我劳瘁。
瓶之罄矣，维罍之耻。鲜民之生，不如死之久矣！
无父何怙？无母何恃？出则衔恤，入则靡至。

August
八月
13

无父何怙？无母何恃？

没有亲爹何所靠，没有亲妈何所恃？你会慢慢发现：稳定的工作、兜里有钱、父母身体健康、家人之间温柔地相处，是多么美好的事情。这些看似平凡的幸福，其实是最值得珍惜的。无论生活如何变化，家人的健康与和睦始终是最大的福祉。

蓼莪(二) 小雅

父兮生我,母兮鞠我。拊我畜我,长我育我,顾我复我,出入腹我。欲报之德。昊天罔极!

南山烈烈,飘风发发。民莫不穀,我独何害!南山律律,飘风弗弗。民莫不穀,我独不卒!

August
八月
14

父兮生我，母兮鞠我。

爸爸呀你生下我，妈妈呀你喂养我。在这深情的呼唤中，充满了对父母养育之恩的感激与怀念。树欲静而风不止，子欲养而亲不待。趁父母还在的时候，请常回家看看吧。不要等到失去了才后悔莫及。珍惜与父母相处的每一刻，用实际行动表达对他们的爱与关怀。

大东（一） 小雅

有饛簋飧，有捄棘匕。周道如砥，其直如矢。
君子所履，小人所视。睠言顾之，潸焉出涕。
小东大东，杼柚其空。纠纠葛屦，可以履霜。
佻佻公子，行彼周行。既往既来，使我心疚。
有冽氿泉，无浸获薪。契契寤叹，哀我惮人。
薪是获薪，尚可载也。哀我惮人，亦可息也。

August
八月
15

哀我惮人，亦可息也。

暗自哀怜我本多病劳苦人，也该得片刻休养以安我身。在这繁忙与劳累之余，更需要给自己一些休息的时间，让身心得到恢复与安宁。忙而有度，闲而有趣，在琐碎的日子里请想办法取悦自己，给生活增添几分乐趣与色彩，找到属于自己的小确幸。

大东（二） 小雅

东人之子，职劳不来。西人之子，粲粲衣服。舟人之子，熊罴是裘。私人之子，百僚是试。

或以其酒，不以其浆。鞙鞙佩璲，不以其长。维天有汉，监亦有光。跂彼织女，终日七襄。

虽则七襄，不成报章。睆彼牵牛，不以服箱。东有启明，西有长庚。有捄天毕，载施之行。

维南有箕，不可以簸扬。维北有斗，不可以挹酒浆。维南有箕，载翕其舌。维北有斗，西柄

August

八月

16

> 东有启明，西有长庚。

东部天空的启明星、西部天空的长庚星亮闪闪。在这宁静的夜空中，星星仿佛在诉说着古老的故事。我还是相信星星会说话，石头会开花，穿过夏天的木栅栏和冬天的风雪之后，你终将会抵达。无论前路多么坎坷，只要心中有光、有信念，就能穿越一切困难，到达心中的彼岸。

四月 小雅

四月维夏,六月徂暑。先祖匪人,胡宁忍予?
秋日凄凄,百卉具腓。乱离瘼矣,爰其适归。
冬日烈烈,飘风发发。民莫不穀,我独何害!
山有嘉卉,侯栗侯梅。废为残贼,莫知其尤!
相彼泉水,载清载浊。我日构祸,曷云能穀?
滔滔江汉,南国之纪。尽瘁以仕,宁莫我有。
匪鹑匪鸢,翰飞戾天。匪鳣匪鲔,潜逃于渊。
山有蕨薇,隰有杞桋。君子作歌,维以告哀。

August
八月
17

山有嘉卉,侯栗侯梅。

　　高高的山上生着名贵花卉,既有栗子树也有斗寒梅。在这片生机勃勃的山林中,每一种植物都以其独特的方式展示着生命的顽强与美丽。云影掠过山谷,苍天滋养群星。人类与草木宇宙的联系与感应,超越时空万古长存,万古生生不息。

北山

小雅

陟彼北山,言采其杞。偕偕士子,朝夕从事。王事靡盬,忧我父母。

溥天之下,莫非王土;率土之滨,莫非王臣。大夫不均,我从事独贤。

四牡彭彭,王事傍傍。嘉我未老,鲜我方将。旅力方刚,经营四方。

或燕燕居息,或尽瘁事国。或息偃在床,或不已于行。

或不知叫号,或惨惨劬劳。或栖迟偃仰,或王事鞅掌。

或湛乐饮酒,或惨惨畏咎。或出入风议,或靡事不为。

August
八月
18

　　溥天之下，莫非王土。

　　你看那广袤无垠的普天之下，没有一处不是国君的封土。在这片辽阔的土地上，每一寸山河都承载着悠久的历史与文化。大江东去，日月西沉，疾风地北，烟雨江南。这就是我们所熟悉的中国，一个充满诗意与画意的国度，每一处风景都令人流连忘返。

无将大车

小雅

无将大车,只自尘兮。无思百忧,只自疧兮。
无将大车,维尘冥冥。无思百忧,不出于颎。
无将大车,维尘雍兮。无思百忧,只自重兮。

August
八月
19

无思百忧，只自重伤

不要想那些心事，只使忧伤更加重。在这条人生的旅途中，太多的忧虑只会增加心灵的负担。一次挫折，摧残不了整个人生，我们也不要因为遇到一个困难就轻易放弃了远方的理想。正如同一颗星星的陨落并不会黯淡整片星空，一朵花儿的凋零并不能荒芜整个春天。

小明(一) 小雅

明明上天,照临下土。我征徂西,至于艽野。二月初吉,载离寒暑。
心之忧矣,其毒大苦。念彼共人,涕零如雨。岂不怀归?畏此罪罟!
昔我往矣,日月方除。曷云其还?岁聿云莫。念我独兮,我事孔庶。
心之忧矣,惮我不暇。念彼共人,睠睠怀顾。岂不怀归?畏此谴怒。

August

八月

20

昔我往矣,日月方除。曷云其还?岁聿云莫。

想当初我刚踏上征途,那时候正逢旧岁将除。什么日子才能回去?眼看年将终,归期仍无。在这漫长的旅途中,心中不免涌起对故乡的思念。人们无论走到哪里,都没法不时常感怀身后远远的那片热土,因为那里有他的亲友,至少也有他的过去。

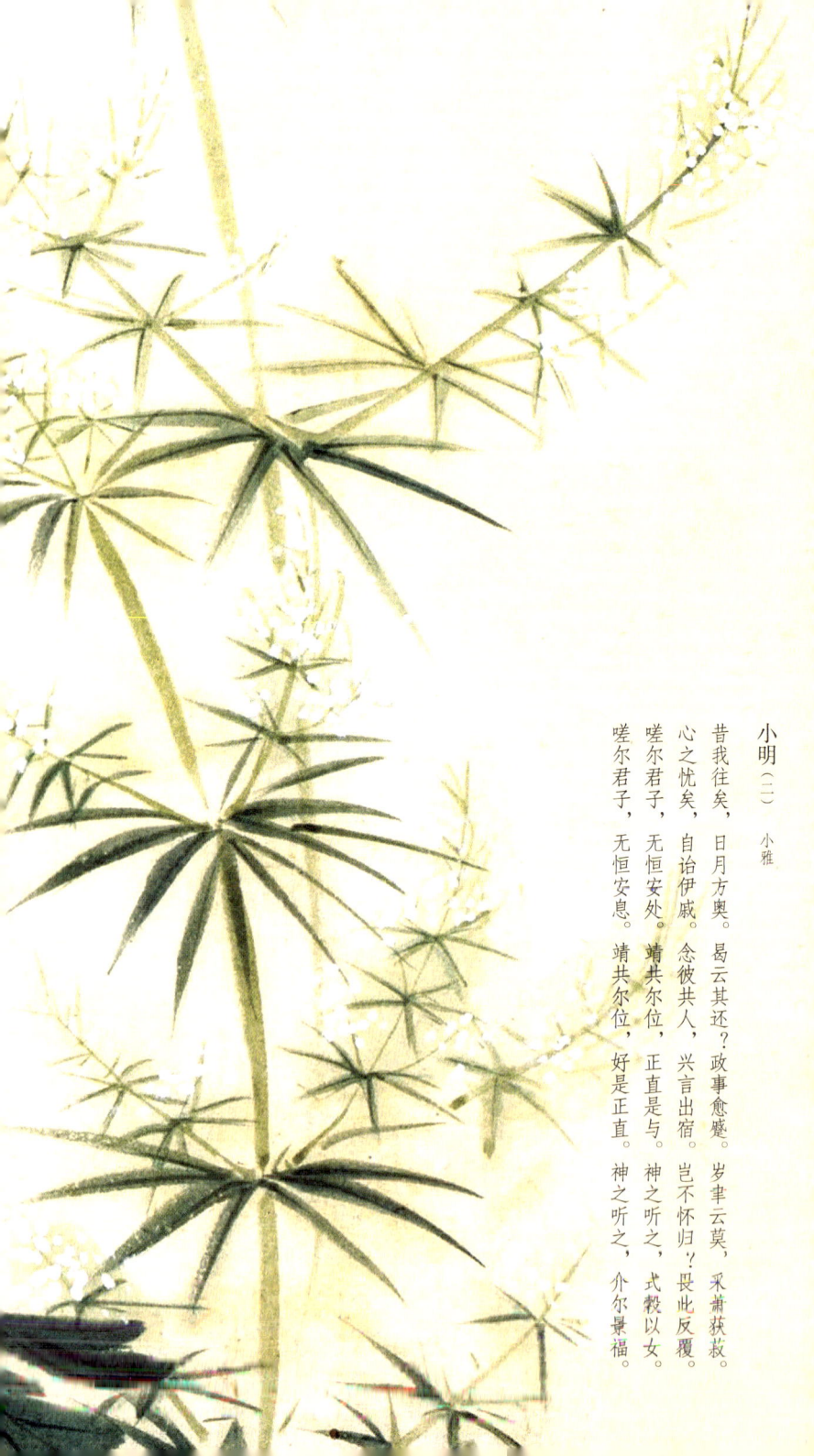

小明（二） 小雅

昔我往矣，日月方奥。曷云其还？政事愈蹙。岁聿云莫，采萧获菽。
心之忧矣，自诒伊戚。念彼共人，兴言出宿。岂不怀归？畏此反覆。
嗟尔君子，无恒安处。靖共尔位，正直是与。神之听之，式穀以女。
嗟尔君子，无恒安息。靖共尔位，好是正直。神之听之，介尔景福。

August
八月
21

靖共尔位,正直是与。

应恭谨从事,忠于职守,交正直之士,亲近贤人。在这条人生道路上,保持一颗恭敬与忠诚的心,选择与正直和贤能的人为伍,才能走得更稳更远。有一天你会明白,善良比聪明更难,保持善良的品质,不仅需要智慧,更需要勇气与坚持。

鼓钟 小雅

鼓钟将将，淮水汤汤，忧心且伤。淑人君子，怀允不忘。
鼓钟喈喈，淮水湝湝，忧心且悲。淑人君子，其德不回。
鼓钟伐鼛，淮有三洲，忧心且妯。淑人君子，其德不犹。
鼓钟钦钦，鼓瑟鼓琴，笙磬同音。以雅以南，以籥不僭。

August
八月
22

淑人君子，怀允不忘。

遥想善良的君子，深切怀念永难忘。在这份深情的怀念中，君子的音容笑貌仿佛历历在目：立如芝兰玉树，笑如朗月入怀。你的风度与品格，如同芝兰玉树般高雅，笑容如朗月般温暖人心。

楚茨（一） 小雅

楚楚者茨，言抽其棘。自昔何为？我艺黍稷。我黍与与，我稷翼翼。
我仓既盈，我庾维亿。以为酒食，以享以祀，以妥以侑，以介景福。
济济跄跄，絜尔牛羊，以往烝尝。或剥或亨，或肆或将。
祝祭于祊，祀事孔明。先祖是皇，神保是飨。孝孙有庆，报以介福，万寿无疆。

August

八月

23

我黍与与,我稷翼翼。

我们的小米长得茂盛,高粱在地里排得整齐。在这片丰收的土地上,每一株作物都承载着农人的希望与辛勤。天蓝如洗,小河清清,秋意深沉的旷野里,一垄垄黄土堆砌的山梁,像社火中腾舞的盘龙,对峙着,跳跃着,连绵又起伏。

楚茨(二) 小雅

执爨踖踖,为俎孔硕,或燔或炙,君妇莫莫,为豆孔庶。
为宾为客,献酬交错。礼仪卒度,笑语卒获。
神保是格,报以介福,万寿攸酢。我孔熯矣,式礼莫愆。
工祝致告,徂赉孝孙。苾芬孝祀,神嗜饮食。

August
八月
24

神保是格,报以介福,万寿攸酢!

祖宗的神祇大驾光临,赐福回报子孙的心意,万寿无疆宏福与天齐!在这神圣的时刻,祖先的庇佑如同明灯,照亮了后人的道路,驱散了前行的迷雾。心灯可明尘世繁华,清风可拂无尽烦恼。

楚茨（三） 小雅

卜尔百福，如几如式。既齐既稷，既匡既敕。永锡尔极，时万时亿。

礼仪既备，钟鼓既戒。孝孙徂位，工祝致告。神具醉止，皇尸载起。

鼓钟送尸，神保聿归。诸宰君妇，废彻不迟。诸父兄弟，备言燕私。

乐具入奏，以绥后禄。尔肴既将，莫怨具庆。既醉既饱，小大稽首。

神嗜饮食，使君寿考。孔惠孔时，维其尽之。子子孙孙，勿替引之。

August
八月
25

乐具入奏,以绥后禄。尔肴既将,莫怨具庆。

乐队移后堂演奏曲调,大伙享用祭后的酒肴。这些酒菜味道实在好,感谢神的赐福,莫再烦恼。在这庄严而温馨的仪式中,人们的心灵得到了净化与安慰。祭祀不仅仅是一种形式,更是一种心灵的寄托。让我们在繁忙的生活中停下脚步,感受那份相连的深情。

信南山(一) 小雅

信彼南山,维禹甸之。畇畇原隰,曾孙田之。我疆我理,南东其亩。
上天同云,雨雪雰雰。益之以霢霂,既优既渥。既沾既足,生我百谷。
疆埸翼翼,黍稷或或。曾孙之穑,以为酒食。畀我尸宾,寿考万年。

August
八月
26

上天同云,雨雪雰雰。益之以霡霂,
既优既渥,既霑既足,生我百谷。

冬日的阴云密布,那雪花纷纷扬扬;再加上细雨蒙蒙,那水分如此丰沛充足,滋润大地并灌溉四方,让我们的庄稼蓬勃生长。一方净土,三炷清香,愿我所想,如我所愿。愿每一分耕耘都能收获满满,愿每一个心愿都能如愿以偿。

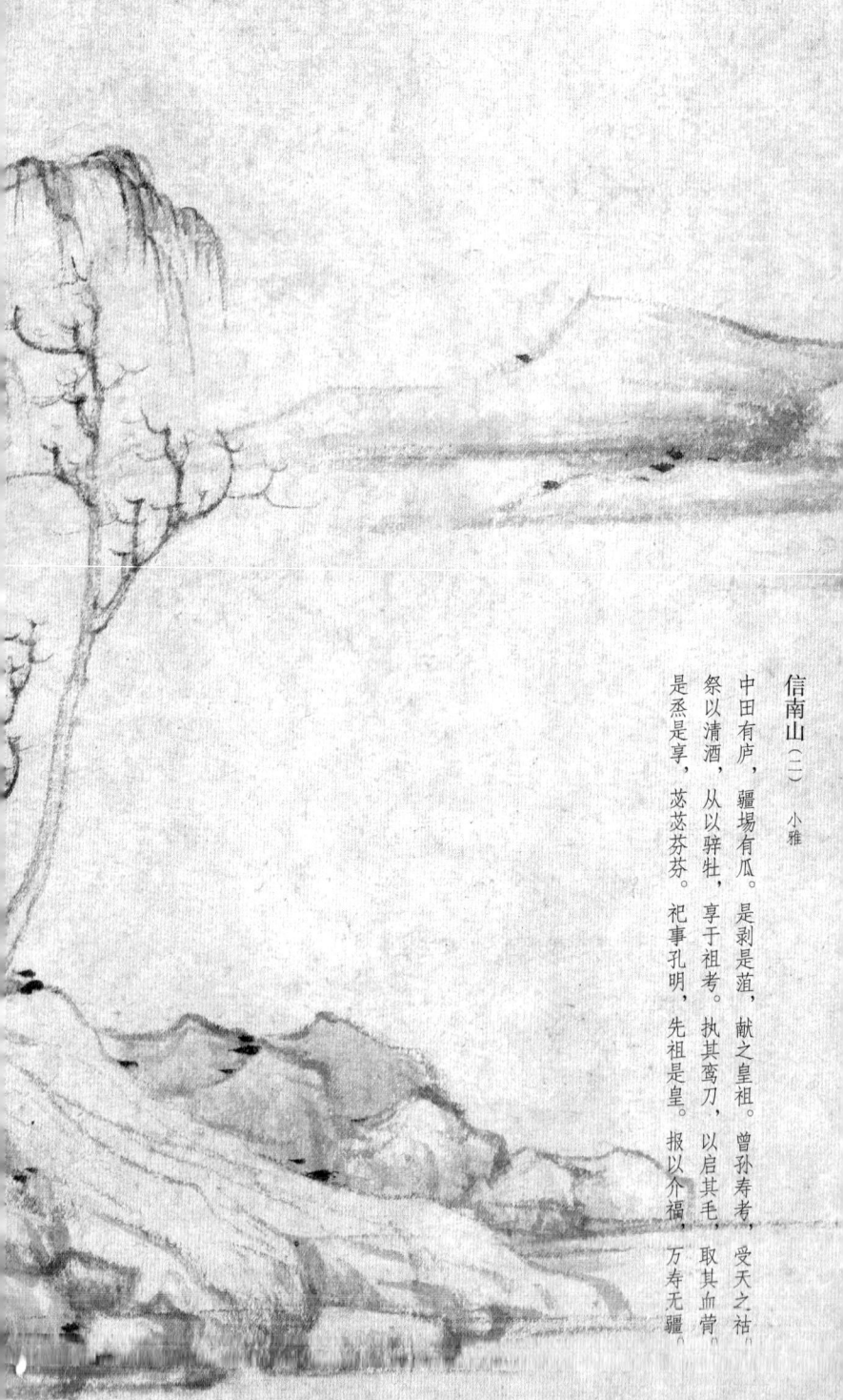

信南山(二) 小雅

中田有庐,疆埸有瓜。是剥是菹,献之皇祖。曾孙寿考,受天之祐。
祭以清酒,从以骍牡,享于祖考。执其鸾刀,以启其毛,取其血膋。
是烝是享,苾苾芬芬。祀事孔明,先祖是皇。报以介福,万寿无疆。

August
八月
27

祀事孔明,先祖是皇,报以介福,万寿无疆。

仪式庄重而有条不紊,列祖列宗驾临俯佯。愿神灵赐以洪福无垠,子孙享福万寿无疆。在祭祀的仪式中,我们精心准备着祭品,每一份都饱含着深深的敬意。点燃的香烛,袅袅青烟仿佛在传递着我们的思念。烛光摇曳,香烟缭绕,空气中弥漫着庄重而神圣的气息。

甫田(一)　小雅

倬彼甫田，岁取十千。我取其陈，食我农人。自古有年。
今适南亩，或耘或耔。黍稷薿薿，攸介攸止，烝我髦士。
以我齐明，与我牺羊，以社以方。我田既臧，农夫之庆。
琴瑟击鼓，以御田祖，以祈甘雨，以介我稷黍，以穀我士女。

August
八月
28

倬彼甫田,岁取十千。

就是这片一望无际的田地,每年打的粮食数也数不清!在这片肥沃的土地上,春华秋实,岁物丰成。一叶梧桐一报秋,稻花田里话丰收。当秋风吹过田野,吹黄了稻子,金灿灿的稻谷,笑弯了腰。

甫田(二) 小雅

曾孙来止,以其妇子,馌彼南亩,田畯至喜。
攘其左右,尝其旨否。
禾易长亩,终善且有。曾孙不怒,农夫克敏。
曾孙之稼,如茨如梁。曾孙之庾,如坻如京。
乃求千斯仓,乃求万斯箱。
黍稷稻粱,农夫之庆。报以介福,万寿无疆。

扫码听音频

August
八月
29

禾易长亩，终善且有。

庄稼长势茂盛遮蔽了田垄，今年定是五谷丰登好年景。四时俱可喜，最好新秋时。随着夏暑渐渐远去，天地间显得更加广袤与清新。我们曾在春天播种的希望，将在秋日结出丰硕的果实，这是大自然的慷慨赐予，让我们带着对丰收的期盼，一起迎接金色的秋天吧。

大田(一) 小雅

大田多稼,既种既戒,既备乃事。以我覃耜,俶载南亩。播厥百谷,既庭且硕,曾孙是若。

既方既皁,既坚既好,不稂不莠。去其螟螣,及其蟊贼,无害我田稚。田祖有神,秉畀炎火。

August
八月
30

以我覃耜，俶载南亩。
播厥百谷，既庭且硕，曾孙是若。

背起我那锋快犁，开始下田干农活儿。播下黍稷诸谷物，苗儿挺拔又茁壮，曾孙称心好快活。谁说人生的秋天就开始进入低谷？人生的每一个季节都有它的使命。看看眼前的景象吧，秋天是收获的季节，也是从容不迫的季节。

大田（二） 小雅

有渰萋萋,兴雨祁祁。雨我公田,遂及我私。彼有不获穉,此有不敛穧;彼有遗秉,此有滞穗,伊寡妇之利。

曾孙来止,以其妇子。馌彼南亩,田畯至喜。来方禋祀,以其骍黑,与其黍稷。以享以祀,以介景福。

August
八月
31

彼有遗秉，此有滞穗，伊寡妇之利。

那儿撇谷不曾割，这儿几株漏田间；那儿掉下一束禾，这儿散穗三五点，照顾寡妇任她捡。这种传统习俗体现了乡邻之间的互助与关怀，不仅是对弱者的帮助，也是一种美德的传承。粮归仓，秋收忙，瓜果满园稻米香。

September

九月

玖

瞻彼洛矣

小雅

瞻彼洛矣，维水泱泱。君子至止，福禄如茨。韎韐有奭，以作六师。

瞻彼洛矣，维水泱泱。君子至止，鞸琫有珌。君子万年，保其家室。

瞻彼洛矣，维水泱泱。君子至止，福禄既同。君子万年，保其家邦。

扫码听音频

September
九月
1

瞻彼洛矣,维水泱泱。

望着眼前那洛水,水势茫茫在流淌。这不仅仅是自然界的壮观景象,更是水之精神的象征。水利万物而不争,遇万象成万千形态,是江河湖海,亦是冰霜雨雪。寒凉之水,却以慷慨良善之心,哺育世间万物生长,助斑斓生命绽放,淡泊深远,润物无声。

裳裳者华 小雅

裳裳者华,其叶湑兮。我觏之子,我心写兮。我心写兮,是以有誉处兮。

裳裳者华,芸其黄矣。我觏之子,维其有章矣。维其有章矣,是以有庆矣。

裳裳者华,或黄或白。我觏之子,乘其四骆。乘其四骆,六辔沃若。

左之左之,君子宜之。右之右之,君子有之。维其有之,是以似之。

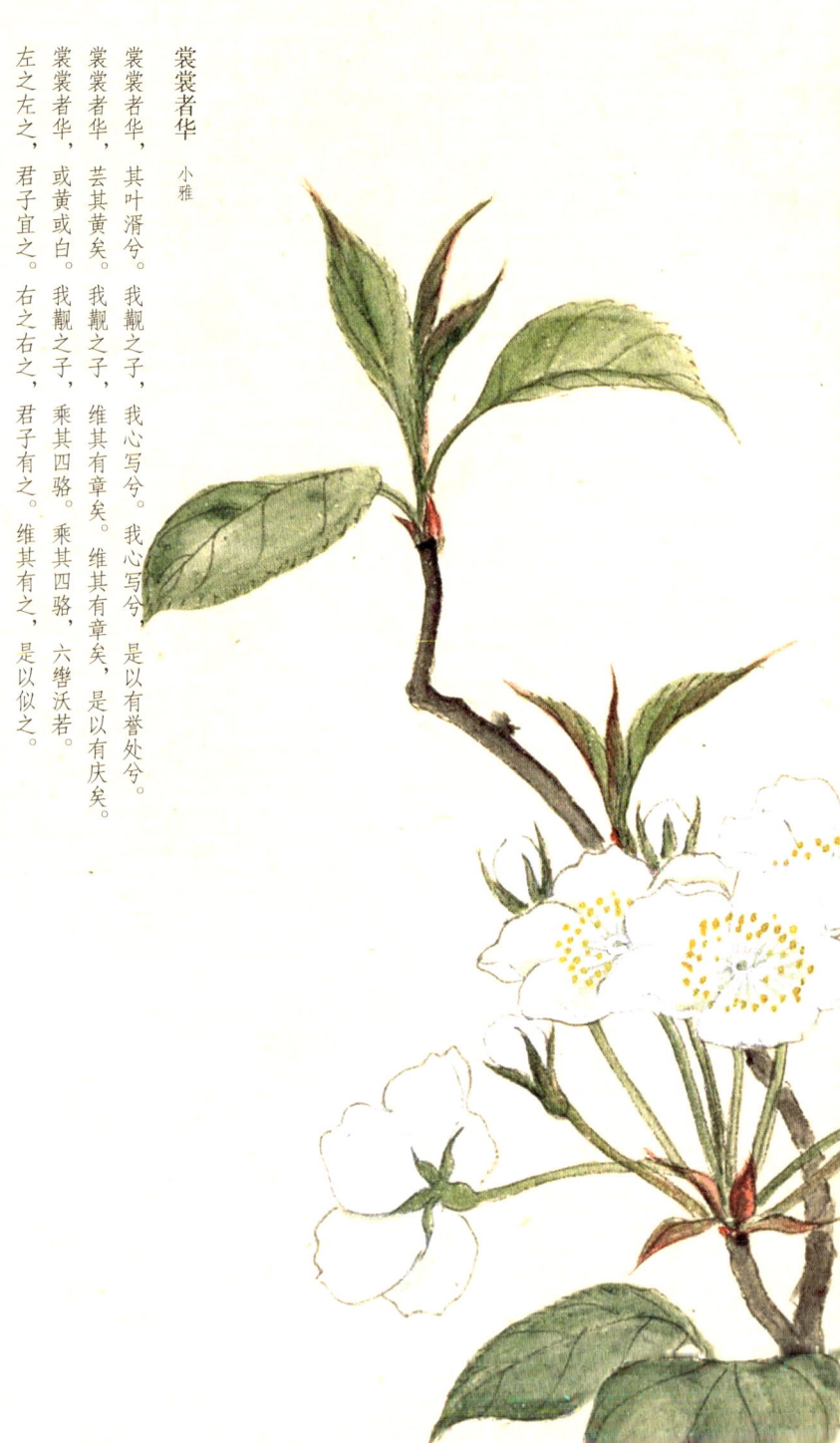

September
九月
2

我心写兮,是以有誉处兮。

　　我的心情真舒畅,因有美誉大家享。在这份喜悦中,每一份赞美都如同阳光般温暖。你要写君子,就不能只写君子,你要写呼明月兮挂银钩,揽长风兮踏孤江;写草木摇落兮何浩荡,衣冠昭昭兮其流光。愿我们在赞美与被赞美的同时,都能保持谦逊与真诚,以君子之德,行君子之道,让美德如阳光般普照大地。

桑扈 小雅

交交桑扈,有莺其羽。君子乐胥,受天之祜。

交交桑扈,有莺其领。君子乐胥,万邦之屏。

之屏之翰,百辟为宪。不戢不难,受福不那。

兕觥其觩,旨酒思柔。彼交匪敖,万福来求。

September
九月
3

之屏之翰,百辟为宪。不戢不难,受福不那。

国家屏障和栋梁,诸侯以你为榜样。克制自己守礼节,受福多得难计量。回望历史问初心,千秋伟业谁扛鼎?壮志豪情应犹在,逐梦不止方年轻。历史沉浮,休戚与共。然兴衰往复,皆不足为惧。于沉寂中孤守,于浮华中燎心。

鸳鸯 小雅

鸳鸯于飞,毕之罗之。君子万年,福禄宜之。
鸳鸯在梁,戢其左翼。君子万年,宜其遐福。
乘马在厩,摧之秣之。君子万年,福禄艾之。
乘马在厩,秣之摧之。君子万年,福禄绥之。

September
九月
4

鸳鸯于飞,毕之罗之。君子万年,福禄宜之。

鸳鸯双双轻飞翔,遭遇大小罗与网。即便是在困境中,它们也彼此相依,不离不弃。公子只应见画,此中我独知津。愿你不仅是那个"只应见画"的观赏者,更是那个"独知津"的智者。无论前方是山穷水尽还是柳暗花明,都能保持一颗平静而坚定的心,享受旅途中的每一刻美好。

頍弁

小雅

有頍者弁,实维伊何?尔酒既旨,尔肴既嘉。岂伊异人?兄弟匪他。茑与女萝,施于松柏。未见君子,忧心奕奕。既见君子,庶几说怿。

有頍者弁,实维何期?尔酒既旨,尔肴既时。岂伊异人?兄弟具来。茑与女萝,施于松上。未见君子,忧心怲怲。既见君子,庶几有臧。

有頍者弁,实维在首。尔酒既旨,尔肴既阜。岂伊异人?兄弟甥舅。如彼雨雪,先集维霰。死丧无日,无几相见。乐酒今夕,君子维宴。

September
九月
5

死丧无日，无几相见。乐酒今夕，君子维宴。

死亡日子难逆料，时间无多难相见。今夜开怀应畅饮，君子行乐惟欢宴。一天很短，短得来不及拥抱清晨，就已经手握黄昏。一年很短，短得来不及细品初春殷红绛绿，就要打点素裹秋霜。一生很短，短得来不及享用美好年华就已经身处迟暮。

车舝 小雅

间关车之舝兮，思娈季女逝兮。匪饥匪渴，德音来括。虽无好友，式燕且喜。

依彼平林，有集维鷮。辰彼硕女，令德来教。式燕且誉，好尔无射。

虽无旨酒，式饮庶几。虽无嘉肴，式食庶几。虽无德与女，式歌且舞。

陟彼高冈，析其柞薪。析其柞薪，其叶湑兮。鲜我觏尔，我心写兮。

高山仰止，景行行止。四牡骓骓，六辔如琴。觏尔新婚，以慰我心。

September
九月
6

高山仰止,景行行止。

巍峨的高山令人仰望,宽阔的大路才能纵驰。品行才学像高山一样要人仰视,而让人不禁以他的举止作为行事准则。在这广阔天地间,真正的伟大不仅在于高度,更在于能够引领他人前行的力量。就像那句:云山苍苍,江水泱泱,先生之风,山高水长。

青蝇 小雅

营营青蝇,止于樊。岂弟君子,无信谗言。
营营青蝇,止于棘。谗人罔极,交乱四国。
营营青蝇,止于榛。谗人罔极,构我二人。

September
九月
7

营营青蝇,止于樊。岂弟君子,无信谗言。

苍蝇乱飞声嗡嗡,飞上篱笆把身停。平和快乐的君子,不要把那谗言听。在这纷扰的世界中,总有不和谐的声音试图扰乱我们的内心。乱条犹未变初黄,倚得东风势便狂。君子坦荡荡,小人长戚戚。为人君子,我们应当胸怀天地,即使没有华丽的锦服,也难掩我们自身的光华。

宾之初筵(一) 小雅

宾之初筵,左右秩秩。笾豆有楚,殽核维旅。酒既和旨,饮酒孔偕。钟鼓既设,举酬逸逸。
大侯既抗,弓矢斯张。射夫既同,献尔发功。发彼有的,以祈尔爵。
籥舞笙鼓,乐既和奏。烝衎烈祖,以洽百礼。百礼既至,有壬有林。锡尔纯嘏,子孙其湛。
其湛曰乐,各奏尔能。宾载手仇,室人入又。酌彼康爵,以奏尔时。

September
九月
8

发彼有的,以祈尔爵。

人人争取之目标,要叫对手罚一爵。在竞争激烈的赛场上,每个人都怀着必胜的决心,全力以赴,不给对手任何机会。少年何妨梦摘星,敢挽桑弓射玉衡。少年拉满弓,不惧岁月不惧风,即使前路漫漫,也能不断向前迈进。

宾之初筵（二） 小雅

宾之初筵，温温其恭。其未醉止，威仪反反。曰既醉止，威仪幡幡。舍其坐迁，屡舞仙仙。
其未醉止，威仪抑抑。曰既醉止，威仪怭怭。是曰既醉，不知其秩。
宾既醉止，载号载呶。乱我笾豆，屡舞僛僛。是曰既醉，不知其邮。侧弁之俄，屡舞傞傞。
既醉而出，并受其福。醉而不出，是谓伐德。饮酒孔嘉，维其令仪。
凡此饮酒，或醉或否。既立之监，或佐之史。彼醉不臧，不醉反耻。式勿从谓，无俾大怠。
匪言勿言，匪由勿语。由醉之言，俾出童羖。三爵不识，矧敢多又。

September
九月
9

匪言勿言,匪由勿语。

别人不问别多嘴,语涉非礼勿乱道。在这份谨慎与尊重中,每一个字词都显得尤为珍贵。不可乘喜而多言,不可乘快而易事。愿我们在与人交往中始终保持理智与克制,用真诚与智慧赢得他人的信任与尊重。

鱼藻 小雅

鱼在在藻,有颁其首。王在在镐,岂乐饮酒。
鱼在在藻,有莘其尾。王在在镐,饮酒乐岂。
鱼在在藻,依于其蒲。王在在镐,有那其居。

September
九月
10

> 鱼在在藻，有颁其首。王在在镐，岂乐饮酒。

群鱼水藻丛中游，肥肥大大头儿摆。周王住在镐京城，欢饮美酒真自在。在这宁静祥和的场景中，仿佛时间都变得缓慢起来，让人忘却了尘世的烦恼。前有万人争第一，逐名者密，夺利者蹙，百般压抑拼朝夕。可川流对我低低语："得胜当以你为期，越山先悦己。"

采菽(一) 小雅

采菽采菽,筐之筥之。君子来朝,何锡予之?
虽无予之,路车乘马。又何予之?玄衮及黼。
觱沸槛泉,言采其芹。君子来朝,言观其旂。
其旂淠淠,鸾声嘒嘒。载骖载驷,君子所届。

September
九月
11

觱沸槛泉,言采其芹。

赶往汩汩涌流的清泉边上,忙着采摘水芹,香味扑鼻。春耕夏种及秋收,冬间观瑞雪,醉倒被蒙头。四季轮回,每个季节都有它独特的韵味和繁忙。春天的播种带来了希望,夏天的耕耘孕育着生机,秋天的收获带来了喜悦,冬天的雪景则让人沉醉于宁静与美好之中。

采菽（二） 小雅

赤芾在股，邪幅在下。彼交匪纾，天子所予。乐只君子，天子命之。乐只君子，福禄申之。

维柞之枝，其叶蓬蓬。乐只君子，殿天子之邦。乐只君子，万福攸同。平平左右，亦是率从。

泛泛杨舟，绋纚维之。乐只君子，天子葵之。乐只君子，福禄膍之。优哉游哉，亦是戾矣。

September
九月
12

维柞之枝,其叶蓬蓬。

高大的柞树四处伸展枝丫,枝繁叶茂生命力格外旺盛。春意盎,书墨香。南来北往,日月生光。于岁月长河里肆意徜徉,奔赴心之所向,何惧道阻且长。热爱可将风雨抵挡,拨开云雾见漫天霞光,少年终将在色彩绚丽的邀请函上窥见花香。独负行囊,阔别彷徨,路坦荡,光万丈。

角弓 小雅

骍骍角弓,翩其反矣。兄弟昏姻,无胥远矣。
尔之远矣,民胥然矣。尔之教矣,民胥效矣。
此令兄弟,绰绰有裕。不令兄弟,交相为瘉。
民之无良,相怨一方。受爵不让,至于己斯亡。
老马反为驹,不顾其后。如食宜饇,如酌孔取。
毋教猱升木,如涂涂附。君子有徽猷,小人与属。
雨雪瀌瀌,见晛曰消。莫肯下遗,式居娄骄。
雨雪浮浮,见晛曰流。如蛮如髦,我是用忧。

扫码听音频

September
九月
13

兄弟昏姻,无胥远矣。

兄弟姻亲一家人,相互亲爱不疏远。在这温馨和睦的家庭中,每一份关爱都如同细水长流,滋养着彼此的心灵。有那么一座城,锦盒一般珍藏着你半生的脚印和指纹,珍藏着你一颗颗一粒粒不朽的记忆。家,便是那么一座城,永远给你力量,让你安心。

菀柳 小雅

有菀者柳，不尚息焉。上帝甚蹈，无自昵焉。俾予靖之，后予极焉。

有菀者柳，不尚愒焉。上帝甚蹈，无自瘵焉。俾予靖之，后予迈焉。

有鸟高飞，亦傅于天。彼人之心，于何其臻。曷予靖之，居以凶矜。

扫码听音频

September
九月
14

有菀者柳,不尚息焉。上帝甚蹈,无自昵焉。

一株柳树很茂盛,不要依傍去休息。上天心思不易琢磨,不要和他太亲密。世情薄,人情恶,雨送黄昏花易落。利益是光照人性的影子,在它面前,一切与道德伦理有关的本质都将现形。在利益面前,人性往往是经不起考验的。

都人士 小雅

彼都人士,狐裘黄黄。其容不改,出言有章。行归于周,万民所望。
彼都人士,台笠缁撮。彼君子女,绸直如发。我不见兮,我心不说。
彼都人士,充耳琇实。彼君子女,谓之尹吉。我不见兮,我心苑结。
彼都人士,垂带而厉。彼君子女,卷发如虿。我不见兮,言从之迈。
匪伊垂之,带则有余。匪伊卷之,发则有旟。我不见兮,云何盱矣。

September
九月
15

匪伊垂之,带则有余。匪伊卷之,
发则有旟。我不见兮,云何盱矣。

不是故意垂丝带,丝带本来有余长。不是故意卷曲发,头发本来向上扬。不见往日的景象,心情怎能不忧伤。这段话表达了对过去美好时光的怀念和对现状的无奈与忧伤。往日的景象已不再,留下的只有回忆和淡淡的哀愁。

采绿 小雅

终朝采绿,不盈一匊。予发曲局,薄言归沐。
终朝采蓝,不盈一襜。五日为期,六日不詹。
之子于狩,言韔其弓。之子于钓,言纶之绳。
其钓维何?维鲂及鱮。维鲂及鱮,薄言观者。

扫码听音频

September
九月
16

终朝采蓝,不盈一襜。五日为期,六日不詹。

整天在外采摘蓝,一衣兜也没采满。本来说好五天归,过了六天不回还。时间在等待中变得漫长,每一刻都充满了对归人的期盼。黄昏时的树影拖得再长也离不了树根,你无论走多远也走不出我的心。无论你身在何处,我的心始终与你相连。

黍苗 小雅

芃芃黍苗,阴雨膏之。悠悠南行,召伯劳之。
我任我辇,我车我牛。我行既集,盖云归哉!
我徒我御,我师我旅。我行既集,盖云归处!
肃肃谢功,召伯营之。烈烈征师,召伯成之。
原隰既平,泉流既清。召伯有成,王心则宁。

September
九月
17

芃芃黍苗,阴雨膏之。悠悠南行,召伯劳之。

黍苗长得真茂盛,好雨滋润苗青青。众人南行路途遥,召伯慰劳有真情。在这片充满希望的土地上,每一颗种子都在努力生长,每一步脚印都承载着未来的梦想。凤凰鸣矣,于彼高冈;梧桐生矣,于彼朝阳。所谓梧高凤必至,花香蝶自来。

隰桑　小雅

隰桑有阿，其叶有难。既见君子，其乐如何！
隰桑有阿，其叶有沃。既见君子，云何不乐？
隰桑有阿，其叶有幽。既见君子，德音孔胶。
心乎爱矣，遐不谓矣？中心藏之，何日忘之！

September
九月
18

隰桑有阿,其叶有难。既见君子,其乐如何。

洼地桑树多婀娜,叶儿茂盛捻枝柯。见到了我的夫君,快乐滋味无法说!在这片生机勃勃的桑树林中,每一缕阳光都充满了温情,每一阵微风都带来了甜蜜。夜雨抚芳华,尘埃中挣扎,一生悲喜谁人问,青灯一盏无颜色,这山河远阔,人间烟火,无一是你,无一不是你。

白华 小雅

白华菅兮,白茅束兮。之子之远,俾我独兮。
英英白云,露彼菅茅。天步艰难,之子不犹。
滮池北流,浸彼稻田。啸歌伤怀,念彼硕人。
樵彼桑薪,卬烘于煁。维彼硕人,实劳我心。
鼓钟于宫,声闻于外。念子懆懆,视我迈迈。
有鹙在梁,有鹤在林。维彼硕人,实劳我心。
鸳鸯在梁,戢其左翼。之子无良,二三其德。
有扁斯石,履之卑兮。之子之远,俾我疧兮。

September
九月
19

白华菅兮,白茅束兮。之子之远,俾我独兮。

芳芳菅草开白花,白茅束好送给他。如今这人去远方,使我孤独守空房。云中谁寄锦书来?雁字回时,月满西楼。花自飘零水自流。一种相思,两处闲愁。此情无计可消除,才下眉头,却上心头。这份深情的思念,如同流水般绵延不绝,无论何时何地,都难以忘怀。

绵蛮 小雅

绵蛮黄鸟,止于丘阿。道之云远,我劳如何!饮之食之,教之诲之。命彼后车,谓之载之。

绵蛮黄鸟,止于丘隅。岂敢惮行,畏不能趋。饮之食之,教之诲之。命彼后车,谓之载之。

绵蛮黄鸟,止于丘侧。岂敢惮行,畏不能极。饮之食之,教之诲之。命彼后车,谓之载之。

September

九月

20

绵蛮黄鸟,止于丘阿。道之云远,我劳如何。
饮之食之,教之诲之。命彼后车,谓之载之。

那只美丽小黄雀,停在弯弯山坡上。路途实在太遥远,跋涉劳苦累得慌。给他水喝给饭吃,循循诱导明道理。让那副车稍停留,叫他坐上别心急。在这漫长而艰辛的旅途中,每一份关怀都如同甘露,滋润着疲惫的心灵。

瓠叶 小雅

幡幡瓠叶，采之亨之。君子有酒，酌言尝之。
有兔斯首，炮之燔之。君子有酒，酌言献之。
有兔斯首，燔之炙之。君子有酒，酌言酢之。
有兔斯首，燔之炮之。君子有酒，酌言酬之。

September
九月
21

幡幡瓠叶,采之亨之。君子有酒,酌言尝之。

瓠叶翩舞瓠瓜香,采来做菜又煮汤。君子备好香醇酒,斟满酒杯请客尝。在这温馨的聚会中,每一缕香气都散发着家的温暖。今日良宴会,欢乐难具陈。少留归骑促歌筵,为别莫辞金盏酒。主人有酒欢今夕,请奏鸣琴广陵客。

渐渐之石 小雅

渐渐之石，维其高矣。山川悠远，维其劳矣。武人东征，不皇朝矣。

渐渐之石，维其卒矣。山川悠远，曷其没矣。武人东征，不皇出矣。

有豕白蹢，烝涉波矣。月离于毕，俾滂沱矣。武人东征，不皇他矣。

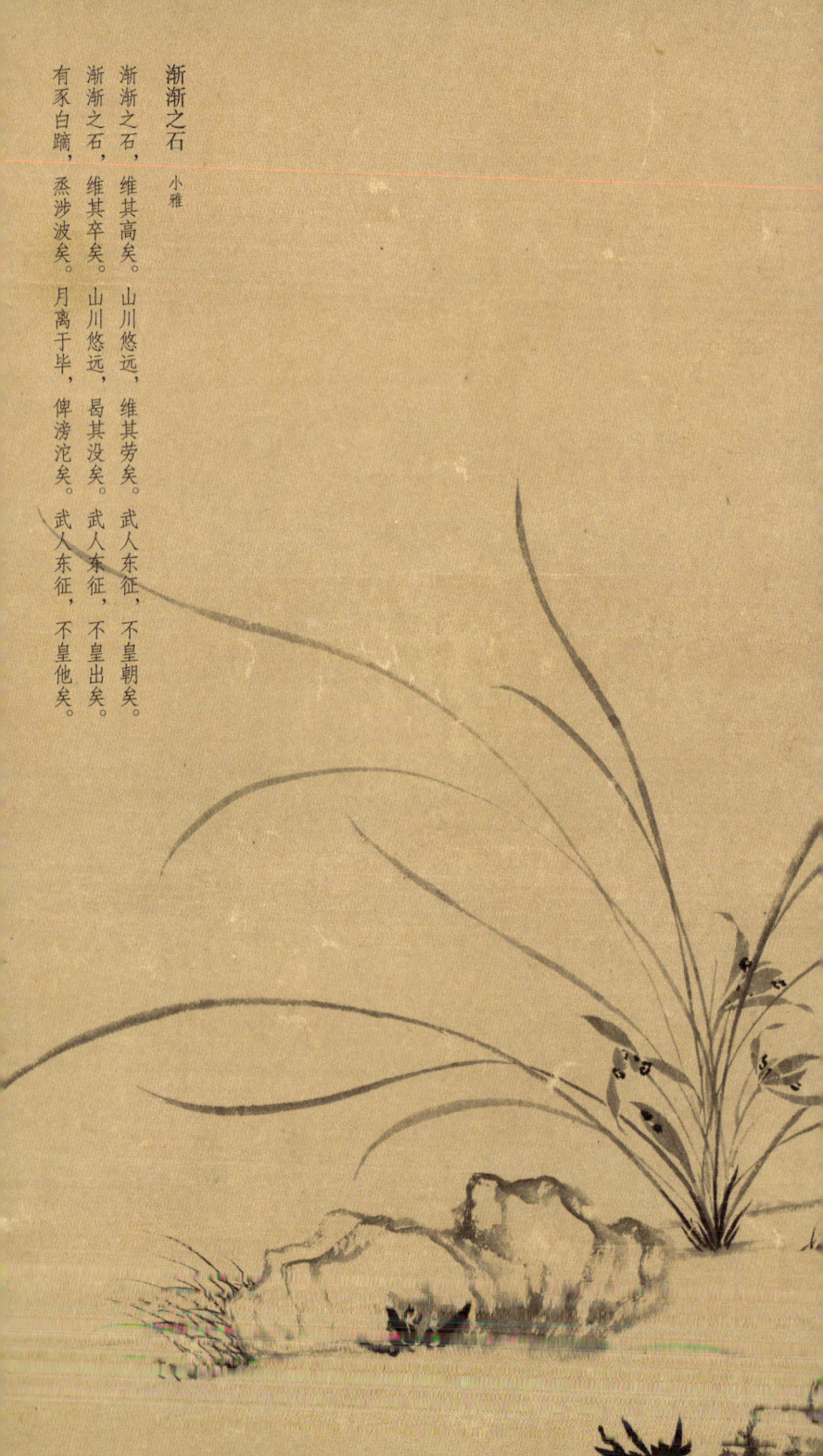

September
九月
22

> 渐渐之石,维其高矣。山川悠远,
> 维其劳矣。武人东征,不皇朝矣。

　　山峰险峻层岩峭,高高上耸入云霄。山重重来水迢迢,日夜行军多辛劳。将帅士兵去东征,赶路不论夕或朝。征途上的每一步都充满了挑战和未知,风卷黄沙,狼烟四起,我策马扬鞭,率领万千勇士,冲锋陷阵,血染征袍。誓要荡平乱世,还天下一个太平。

苕之华 小雅

苕之华,芸其黄矣。心之忧矣,维其伤矣!
苕之华,其叶青青。知我如此,不如无生!
牂羊坟首,三星在罶。人可以食,鲜可以饱!

September
九月
23

苕之华,芸其黄矣。心之忧矣,维其伤矣!

凌霄开了花,花儿黄又黄。内心真忧愁,痛苦又悲伤!在这寂寞的时刻,每一朵绽放的花朵都似乎在诉说着孤独。我借黄昏一抹愁,无言独醉赋高楼。相思几两为何处,把酒独思雾幽幽。我借黄昏一抹愁,如诗如画入心头。月升星沉难眠夜,思念随风吹不休。

何草不黄 小雅

何草不黄？何日不行？何人不将？经营四方。
何草不玄？何人不矜？哀我征夫，独为匪民。
匪兕匪虎，率彼旷野。哀我征夫，朝夕不暇。
有芃者狐，率彼幽草。有栈之车，行彼周道。

September
九月
24

何草不黄？何日不行？何人不将？经营四方。

什么草儿不枯黄，什么日子不奔忙。什么人哪不从征，往来经营走四方。在这匆匆忙忙的世间，每一种生命都有它自己的轨迹。人生几何，一路风急雨骤，有的人淡然一笑而过，有的人宠辱不惊，那是一种看透生死、看尽世态炎凉后的通透与豁达。

文王（一） 大雅

文王在上，於昭于天。周虽旧邦，其命维新。
有周不显，帝命不时。文王陟降，在帝左右。
亹亹文王，令闻不已。陈锡哉周，侯文王孙子。
文王孙子，本支百世。凡周之士，不显亦世。
世之不显，厥犹翼翼。思皇多士，生此王国。
王国克生，维周之桢。济济多士，文王以宁。
穆穆文王，於缉熙敬止。假哉天命，有商孙子。
商之孙子，其丽不亿。上帝既命，侯于周服。

September
九月
25

文王在上,於昭于天。周虽旧邦,其命维新。

　　文王神灵在上方,在那天上放光芒。周朝虽然是旧邦,国运出现新气象。在这新的时代,古老的智慧依然熠熠生辉。皇恩驱策,笔墨谋太平,喉舌砥金戈。谁一身傲骨,清风鼓袖,朗月正冠;谁以血肉筑梁,撑起半壁江山?他是文臣,也怀将军骨。

文王（二） 大雅

侯服于周，天命靡常。殷士肤敏，裸将于京。
厥作裸将，常服黼冔。王之荩臣，无念尔祖。
无念尔祖，聿修厥德。永言配命，自求多福。
殷之未丧师，克配上帝。宜鉴于殷，骏命不易。
命之不易，无遏尔躬。宣昭义问，有虞殷自天。
上天之载，无声无臭。仪刑文王，万邦作孚。

September
九月
26

命之不易,无遏尔躬。宣昭义问,
有虞殷自天。上天之载,无声无臭。

国运不易永盛昌,不要断送你身上。传布显扬好名声,殷商前鉴是天降。上天行事有恒道,无声无息难知详。在这浩瀚的历史长河中,每一个朝代的兴衰都留下了深刻的教训。斗转星移,万物乾坤,中华文明,玉振金声,周而复始,是为天地之信,以利万民,生生不息。

大明(一)

大雅

明明在下,赫赫在上。天难忱斯,不易维王。天位殷适,使不挟四方。
挚仲氏任,自彼殷商,来嫁于周,曰嫔于京。乃及王季,维德之行。大任有身,生此文王。
维此文王,小心翼翼。昭事上帝,聿怀多福。厥德不回,以受方国。
天监在下,有命既集。文王初载,天作之合。在洽之阳,在渭之涘。文王嘉止,大邦有子。
大邦有子,俔天之妹。文定厥祥,亲迎于渭。造舟为梁,不显其光。

September
九月
27

明明在下,赫赫在上。天难忱斯,不易维王。

　　皇天伟大光辉照人间,光彩卓异显现于上天。天命无常难测又难信,一个国王做好也很难。在这变幻莫测的天命面前,即使是君王也需谨慎行事,敬畏天道。星河长明,世事如棋。局中之人,宿命为引。世事无常,浮云流水。百年之后,沧海桑田,将军红颜,不过一抔黄土。

大明(二) 大雅

有命自天,命此文王。于周于京。缵女维莘,长子维行,笃生武王。保右命尔,燮伐大商。

殷商之旅,其会如林。矢于牧野,维予侯兴。上帝临女,无贰尔心。

牧野洋洋,檀车煌煌。驷騵彭彭。维师尚父,时维鹰扬。凉彼武王,肆伐大商,会朝清明。

September
九月
28

牧野洋洋,檀车煌煌,驷𫘨彭彭。维师尚父,时维鹰扬。凉彼武王,肆伐大商,会朝清明。

牧野地势广阔无边垠,檀木战车光彩又鲜明,驾车驷马健壮真雄骏。还有太师尚父姜太公,就好像是展翅飞雄鹰。他辅佐着伟大的武王,袭击殷商讨伐那帝辛,一到黎明就天下清平。在这场决定历史走向的战役中,英雄们以他们的智慧和勇气,书写了不朽的篇章。

绵(一) 大雅

绵绵瓜瓞,民之初生,自土沮漆。古公亶父,陶复陶穴,未有家室。
古公亶父,来朝走马。率西水浒,至于岐下。爰及姜女,聿来胥宇。
周原膴膴,堇荼如饴。爰始爰谋,爰契我龟,曰止曰时,筑室于兹。
乃慰乃止,乃左乃右。乃疆乃理,乃宣乃亩。自西徂东,周爰执事。
乃召司空,乃召司徒,俾立室家。其绳则直,缩版以载,作庙翼翼。

September
九月
29

绵绵瓜瓞。民之初生,自土沮漆。

大瓜小瓜瓜蔓长,周人最早得发祥,本在沮水漆水旁。在这片古老的土地上,每一株瓜蔓都见证了周人的兴起与发展。万物各有适,人生且随缘。每个事物都有其适合的存在方式和生存环境,而人生则应该顺应自然,随遇而安。

绵 (二) 大雅

捄之陾陾,度之薨薨。筑之登登,削屡冯冯。百堵皆兴,鼛鼓弗胜。
乃立皋门,皋门有伉。乃立应门,应门将将。乃立冢土,戎丑攸行。
肆不殄厥愠,亦不陨厥问。柞棫拔矣,行道兑矣。混夷骁矣,维其喙矣!
虞芮质厥成,文王蹶厥生。予曰有疏附,予曰有先后。予曰有奔奏,予曰有御侮!

不学《诗》
无以言

诗经

岁华 著

河北出版传媒集团
河北教育出版社

October

十月

拾

棫朴 大雅

芃芃棫朴,薪之槱之。济济辟王,左右趣之。
济济辟王,左右奉璋。奉璋峨峨,髦士攸宜。
淠彼泾舟,烝徒楫之。周王于迈,六师及之。
倬彼云汉,为章于天。周王寿考,遐不作人?
追琢其章,金玉其相。勉勉我王,纲纪四方。

扫码听音频

October
十月
1

倬彼云汉，为章于天。

宽广银河漫无边，光带灿烂贯高天。在这浩瀚的宇宙中，每一颗星星都闪烁着属于自己的光芒。星河在上，波光在下，我在你身边，等待你的回答。我在银河一侧，对着星空说"我爱你"，当你听到时，我已爱上你无数年。

旱麓 大雅

瞻彼旱麓,榛楛济济。岂弟君子,干禄岂弟。
瑟彼玉瓒,黄流在中。岂弟君子,福禄攸降。
鸢飞戾天,鱼跃于渊。岂弟君子,遐不作人?
清酒既载,骍牡既备。以享以祀,以介景福。
瑟彼柞棫,民所燎矣。岂弟君子,神所劳矣。
莫莫葛藟,施于条枚。岂弟君子,求福不回。

October
十月
2

鸢飞戾天，鱼跃于渊。

老鹰展翅飞上蓝天，鱼儿摇尾跃在深渊。在这广阔的世界里，每一种生命都有它独特的舞台。前路明暗，峰回路转，春江赠我正月寒。流水封冻栽不得船，北风肆虐扬不起帆，飞雪作乱模糊了对岸。我不见轻舟，徒越万重山。

思齐 大雅

思齐大任,文王之母。思媚周姜,京室之妇。大姒嗣徽音,则百斯男。
惠于宗公,神罔时怨,神罔时恫。刑于寡妻,至于兄弟,以御于家邦。
雍雍在宫,肃肃在庙。不显亦临,无射亦保。
肆戎疾不殄,烈假不瑕。不闻亦式,不谏亦入。
肆成人有德,小子有造。古之人无斁,誉髦斯士。

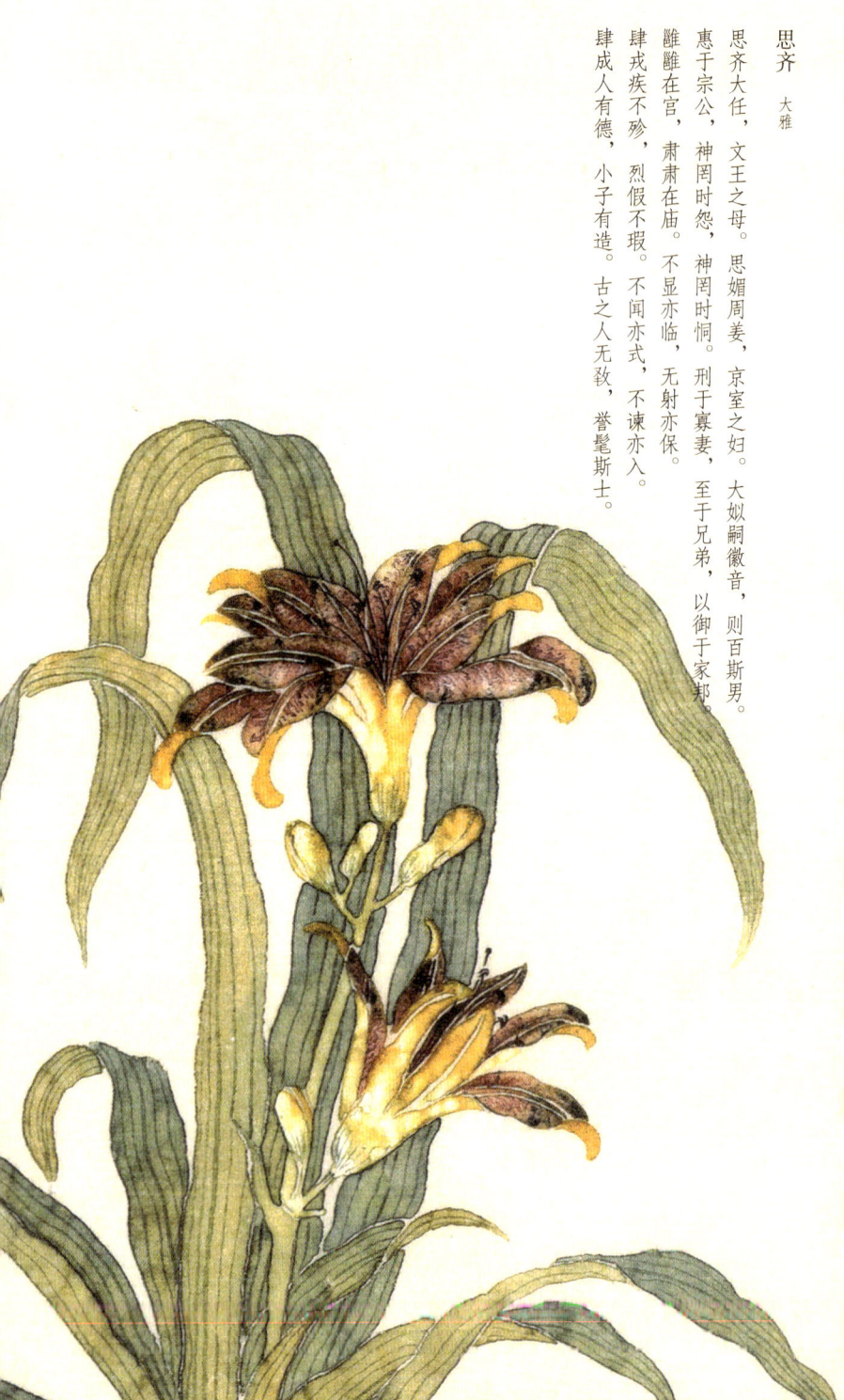

October
十月
3

> 雍雍在宫，肃肃在庙。不显亦临，无射亦保。

在家庭中真和睦，在宗庙里真恭敬。暗处亦有神监临，修身不倦保安宁。在这宁静和谐的氛围中，每一份真诚和敬意都显得那么珍贵。只有宽容才能化解世间的仇恨，只有宽容才是慰藉心灵的良药。能宽容别人的人，不只是给别人一次机会，同时也是给自己一次机会——收获快乐的机会。

皇矣（一） 大雅

皇矣上帝，临下有赫。监观四方，求民之莫。维此二国，其政不获。维彼四国，爰究爰度。上帝耆之，憎其式廓。乃眷西顾，此维与宅。

作之屏之，其菑其翳。修之平之，其灌其栵。启之辟之，其柽其椐。攘之剔之，其檿其柘。帝迁明德，串夷载路。天立厥配，受命既固。

帝省其山，柞棫斯拔，松柏斯兑。帝作邦作对，自大伯王季。维此王季，因心则友。则友其兄，则笃其庆。载锡之光，受禄无丧，奄有四方。

October
十月
4

皇矣上帝，临下有赫。监观四方，求民之莫。

天帝伟大而又辉煌，洞察人间慧目明亮。监察观照天地四方，发现民间疾苦灾殃。在这广阔的天地间，每一个细微的苦难都逃不过上天的慧眼。天下之重，莫重于民生；天下之大，莫大于民心。世间多疾苦，命运如蒲公英一般，风起而涌，风止而息，同在风中凌乱。

皇矣（二） 大雅

维此王季，帝度其心，貊其德音。其德克明，克明克类，克长克君。王此大邦，克顺克比。
比于文王，其德靡悔。既受帝祉，施于孙子。
帝谓文王，无然畔援，无然歆羡，诞先登于岸。密人不恭，敢距大邦，侵阮徂共。
王赫斯怒，爰整其旅，以按徂旅，以笃于周祜，以对于天下。
依其在京，侵自阮疆。陟我高冈，无矢我陵，我陵我阿；无饮我泉，我泉我池。
度其鲜原，居岐之阳，在渭之将。万邦之方，下民之王。

October
十月
5

维此王季,帝度其心,貊其德音。

就是这位王季祖宗,天帝审度他的心胸,将他美名传布称颂似兰斯馨,如松之盛,每一代人都能感受到先祖的智慧与美德。一生当中,你会遇到很多让你受伤的人。世上最糟糕的莫过于自卑,永远要维持自尊和诚实廉正。

皇矣(三) 大雅

帝谓文王:予怀明德,不大声以色,不长夏以革。不识不知,顺帝之则。
帝谓文王:询尔仇方,同尔弟兄。以尔钩援,与尔临冲,以伐崇墉。
临冲闲闲,崇墉言言。执讯连连,攸馘安安。是类是祃,是致是附,四方以无侮。
临冲茀茀,崇墉仡仡。是伐是肆,是绝是忽,四方以无拂。

October
十月
6

帝谓文王：予怀明德，不大声以色，不长夏以革。

天帝告知周文王：你的德行我很欣赏。不要看重疾言厉色，莫将刑其兵革依仗。上苍对你的谆谆教诲你都做到了，每一分德行都需谨慎维护，时刻自重自省、自警自励，做到慎独慎初、慎微慎友，清清白白做人、干干净净做事。

灵台 大雅

经始灵台,经之营之。庶民攻之,不日成之。
经始勿亟,庶民子来。
王在灵囿,麀鹿攸伏。麀鹿濯濯,白鸟翯翯。
王在灵沼,於牣鱼跃。
虡业维枞,贲鼓维镛。於论鼓钟,於乐辟廱。
於论鼓钟,於乐辟廱。鼍鼓逢逢,蒙瞍奏公。

October
十月
7

> 王在灵囿,麀鹿攸伏。麀鹿濯濯,
> 白鸟翯翯。王在灵沼,於牣鱼跃。

君王在那大园林,母鹿懒懒伏树荫。母鹿肥壮毛皮好,白鸟羽翼具洁净。君王在那大池沼,啊呀,满池鱼肃端。在这片生机勃勃的自然中,每一个生命都展现出最美的姿态。生命是一万次的春和景明,风摇落一花瓣,融入土壤,来年给以坚韧不拔的生命力。

下武 大雅

下武维周，世有哲王。三后在天，王配于京。
王配于京，世德作求。永言配命，成王之孚。
成王之孚，下土之式。永言孝思，孝思维则。
媚兹一人，应侯顺德。永言孝思，昭哉嗣服。
昭兹来许，绳其祖武。于万斯年，受天之祜。
受天之祜，四方来贺。於万斯年，不遐有佐。

October
十月
8

成王之孚，下土之式。永言孝思，孝思维则。

成王也令人信服，足为人间好榜样。孝顺祖宗绵泽长，德泽长久法先王。"天地英雄气，千秋尚凛然。"千百年来，天地山河激荡着英雄之气。它充溢于普通的生命，寄托于中国的历史年轮，足召唤当代的我们去传承去发扬，共谱英雄与时代的华章。

文王有声 大雅

文王有声，遹骏有声。遹求厥宁，遹观厥成。文王烝哉！

文王受命，有此武功。既伐于崇，作邑于丰。文王烝哉！

筑城伊淢，作丰伊匹。匪棘其欲，遹追来孝。王后烝哉！

王公伊濯，维丰之垣。四方攸同，王后维翰。王后烝哉！

丰水东注，维禹之绩。四方攸同，皇王维辟。皇王烝哉！

镐京辟廱，自西自东，自南自北，无思不服。皇王烝哉！

考卜维王，宅是镐京。维龟正之，武王成之。武王烝哉！

丰水有芑，武王岂不仕？诒厥孙谋，以燕翼子。武王烝哉！

October
十月
9

文王有声,遹骏有声。
遹求厥宁,遹观厥成。文王烝哉!

　　文王有着好声望,如雷贯耳大名享。但求天下能安宁,终见功成国运昌。文王真个是明王!"我是人间第一等的明月光,山河千年,唯我疏狂。"愿我们在人生的旅途中,都能像文王一样,追求崇高理想,不畏艰难险阻,最终实现自己的梦想。

生民（一） 大雅

厥初生民，时维姜嫄。生民如何？克禋克祀，以弗无子。
履帝武敏歆，攸介攸止。载震载夙，载生载育，时维后稷。
诞弥厥月，先生如达。不坼不副，无菑无害，以赫厥灵，上帝不宁。
不康禋祀，居然生子诞寘之隘巷，牛羊腓字之。
诞寘之寒冰，鸟覆翼之。鸟乃去矣，后稷呱矣。
诞实匍匐，克岐克嶷，以就口食。蓺之荏菽，实曍实讦，厥声载路。
禾役穟穟，麻麦幪幪，瓜瓞唪唪。
诞实匍匐，克岐克嶷，以就口食。蓺之荏菽，荏菽旆旆。

扫码听音频

October
十月
10

　　居然生子诞寘之隘巷，牛羊腓字之。
诞寘之平林，会伐平林。诞寘之寒冰，鸟覆翼之。
　　鸟乃去矣，后稷呱矣。实覃实訏，厥声载路。

　　新生婴儿弃小巷，爱护喂养牛羊至。再将婴儿扔林中，遇上樵夫被救起。又置婴儿寒冰上，大鸟暖他覆翅翼。大鸟终于飞去了，后稷这才哇哇啼。哭声又长又洪亮，声满道路强有力。人生这条路漫长，未来如星辰般璀璨，不必踟蹰于过去的半亩方塘。

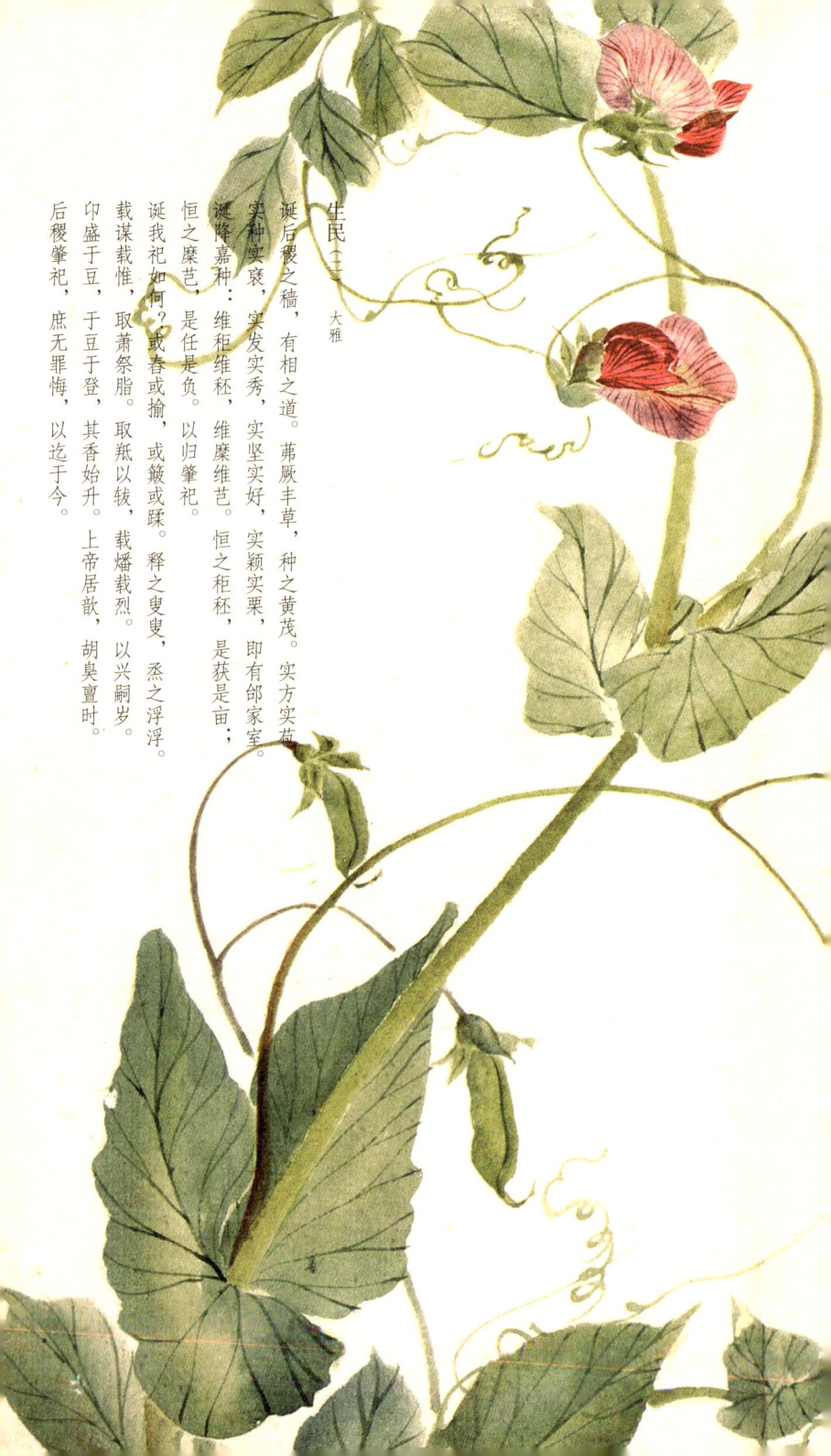

生民(二)

大雅

诞后稷之穑,有相之道。茀厥丰草,种之黄茂。实方实苞,实种实褎,实发实秀,实坚实好,实颖实栗,即有邰家室。

诞降嘉种:维秬维秠,维穈维芑。恒之秬秠,是获是亩;恒之穈芑,是任是负,以归肇祀。

诞我祀如何?或舂或揄,或簸或蹂。释之叟叟,烝之浮浮。载谋载惟,取萧祭脂。取羝以軷,载燔载烈,以兴嗣岁。

卬盛于豆,于豆于登。其香始升,上帝居歆,胡臭亶时。后稷肇祀,庶无罪悔,以迄于今。

扫码听音频

October
十月
11

诞后稷之穑,有相之道。茀厥丰草,种之黄茂。
实方实苞,实种实褎,实发实秀,实坚实好,
实颖实栗,即有邰家室。

后稷耕田又种地,辨明土质有法道。茂密杂草全除去,挑选嘉禾播种好。不久吐芽出新苗,禾苗细细往上冒,拔节抽穗又结实,谷粒饱满质量高,禾穗沉沉收成好,颐养家室是个宝。在这片充满希望的田野上,每一粒种子都承载着未来的梦想。木欣欣以向荣,泉涓涓而始流。

行苇 · 大雅

敦彼行苇,牛羊勿践履。方苞方体,维叶泥泥。
戚戚兄弟,莫远具尔。或肆之筵,或授之几。
肆筵设席,授几有缉御。或献或酢,洗爵奠斝。
醓醢以荐,或燔或炙。嘉肴脾臄,或歌或咢。
敦弓既坚,四鍭既钧;舍矢既均,序宾以贤。
敦弓既句,既挟四鍭。四鍭如树,序宾以不侮。
曾孙维主,酒醴维醹,酌以大斗,以祈黄耇。
黄耇台背,以引以翼。寿考维祺,以介景福。

October
十月
12

　　曾孙维主，酒醴维醹，酌以大斗，以祈黄耇。
　　黄耇台背，以引以翼。寿考维祺，以介景福。

　　宴会主人是曾孙，供应美酒味香醇。斟满大杯来献上，祷祝高寿贺老人。龙钟体态行蹒跚，扶他帮他侍者仁。长命吉祥是人瑞，请上苍赐送大福分。在这温馨和睦的宴会上，每一声祝福都凝聚着对长者的敬爱与祝愿。"神爽朗，骨清坚，壶天日月旧因缘。"从今把定春风笑，且作人间长寿仙。

既醉 大雅

既醉以酒,既饱以德。君子万年,介尔景福。
既醉以酒,尔殽既将。君子万年,介尔昭明。
昭明有融,高朗令终。令终有俶,公尸嘉告。
其告维何?笾豆静嘉。朋友攸摄,摄以威仪。
威仪孔时,君子有孝子。孝子不匮,永锡尔类。
其类维何?室家之壸。君子万年,永锡祚胤。
其胤维何?天被尔禄。君子万年,景命有仆。
其仆维何?厘尔女士。厘尔女士,从以孙子。

October
十月
13

既醉以酒,既饱以德。君子万年,介尔景福

君王赐美酒喝得酩酊大醉,君王赐美食我们饱受恩惠。敬祝君王万岁万岁万万岁,世世代代永享福禄和祥瑞。在这盛大的宴会上,每一杯酒、每一道菜都凝聚着君王的恩典与关怀。你要记得那些大雨中为你撑伞的人、黑暗中默默抱紧你的人……这些人组成你生命中一点一滴的温暖,使你远离阴霾,成为善良的人。

凫鹥　大雅

凫鹥在泾，公尸来燕来宁。尔酒既清，尔殽既馨。公尸燕饮，福禄来成。

凫鹥在沙，公尸来燕来宜。尔酒既多，尔殽既嘉。公尸燕饮，福禄来为。

凫鹥在渚，公尸来燕来处。尔酒既湑，尔殽伊脯。公尸燕饮，福禄来下。

凫鹥在潀，公尸来燕来宗。既燕于宗，福禄攸降。公尸燕饮，福禄来崇。

凫鹥在亹，公尸来止熏熏。旨酒欣欣，燔炙芬芬。公尸燕饮，无有后艰。

October
十月
14

凫鹥在泾，公尸来燕来宁
尔酒既清，尔肴既馨　公尸燕饮，福禄来成

野鸭鸥鸟河中央，公尸赴宴多安详　你的美酒清又醇，你的菜肴味道香。公尸赴宴来品尝，福禄大大为你降　在这和谐美好的宴会上，每一刻都充满祥和与祝福　花儿明白，是大地赋予它艳颜，所以它用绽放的花朵回馈大地　大地明白，要感恩花儿的装点，来年将养分赐予花儿　然而，我们是否明白感恩的含义呢？

假乐 大雅

假乐君子,显显令德,宜民宜人,受禄于天。保右命之,自天申之。
干禄百福,子孙千亿。穆穆皇皇,宜君宜王。不愆不忘,率由旧章。
威仪抑抑,德音秩秩。无怨无恶,率由群匹。受福无疆,四方之纲。
之纲之纪,燕及朋友。百辟卿士,媚于天子。不解于位,民之攸塈。

October
十月
15

> 威仪抑抑，德音秩秩。无怨无恶，
> 率由群匹。受福无疆，四方之纲。

您保持着严整的仪表形象，您拥有严谨的政声，美名扬。您从来不结怨，也没有交恶，凡事都和群臣共商量。您配享那上天授受的福禄，堪为天下四方诸侯的榜样。在这位贤君的带领下，国家安定，百姓安居乐业。见贤思齐焉，见不贤而内自省也。高山安可仰，徒此揖清芬。

公刘（一） 大雅

笃公刘，匪居匪康。乃埸乃疆，乃积乃仓。乃裹餱粮，于橐于囊。思辑用光，弓矢斯张，干戈戚扬，爰方启行。

笃公刘，于胥斯原。既庶既繁，既顺乃宣，而无永叹。陟则在巘，复降在原。何以舟之？维玉及瑶，鞞琫容刀。

笃公刘，逝彼百泉，瞻彼溥原。乃陟南冈，乃觏于京。京师之野，于时处处，于时庐旅，于时言言，于时语语。

October
十月
16

维玉及瑶,粹华容刃。

美玉璎瑶般般有,皓口玉饰光彩柔。在这情致的玉篇中,每一道光泽都蕴含着匠人的匠心与情感。你若赠我琼瑛美玉,我便还你满目星河。共赏这世间美好。玉,石之美者。山似玉,玉如君,相看一笑温。

公刘(二) 大雅

笃公刘,于京斯依。跄跄济济,俾筵俾几,既登乃依,乃造其曹,执豕于牢。酌之用匏,食之饮之,君之宗之。

笃公刘,既溥既长,既景乃冈,相其阴阳,观其流泉。其军三单,度其隰原,彻田为粮。度其夕阳,豳居允荒。

笃公刘,于豳斯馆。涉渭为乱,取厉取锻,止基乃理,爰众爰有。夹其皇涧,溯其过涧。止旅乃密,芮鞫之即。

October
十月
17

笃公刘,于豳斯馆。涉渭为乱,取厉取锻。
止基乃理,爰众爰有。夹其皇涧,溯其过涧。
止旅乃密,芮鞫之即。

忠厚我祖好公刘,豳地筑宫环境幽。横渡渭水驾木舟,砺石锻石任取求。块块基地治理好,民康物阜笑语稠。皇涧两岸人住下,面向过涧窑远眸。移民定居人稠密,河之两岸再往就。在这片富饶的土地上,每一块石头、每一寸土地都见证了先民的辛勤与智慧。

泂酌 大雅

泂酌彼行潦,挹彼注兹,可以餴饎。岂弟君子,民之父母。
泂酌彼行潦,挹彼注兹,可以濯罍。岂弟君子,民之攸归。
泂酌彼行潦,挹彼注兹,可以濯溉。岂弟君子,民之攸塈。

October
十月
18

泂酌彼行潦,挹彼注兹,可以饎饙。
岂弟君子,民之父母。

远离路边积水潭,把这水缸都装满,可以蒸菜也蒸饭。君子品德真高尚,好比百姓父母般。在这平凡的生活中,每一个小小的善举都闪耀着人性的光辉。君子如珩,羽衣昱耀。君子之美,如美玉般温润,如华羽般璀璨,让人不自觉就想追随他的步伐。

卷阿（一） 大雅

有卷者阿，飘风自南。岂弟君子，来游来歌，以矢其音。

伴奂尔游矣，优游尔休矣。岂弟君子，俾尔弥尔性，似先公酋矣。

尔土宇昄章，亦孔之厚矣。岂弟君子，俾尔弥尔性，百神尔主矣。

尔受命长矣，茀禄尔康矣。岂弟君子，俾尔弥尔性，纯嘏尔常矣。

有冯有翼，有孝有德，以引以翼。岂弟君子，四方为则。

颙颙卬卬，如圭如璋，令闻令望。岂弟君子，四方为纲。

October
十月
19

有卷者阿，飘风自南。
岂弟君子，来游来歌，以矢其音。

曲折丘陵风光好，旋风南来声怒号。和气近人的君子，到此逛游歌载道，大家献诗兴致高。在这美丽的自然风光中，每一位参与者都感受到了心灵的愉悦和共鸣。"玉在山而草木润，渊生珠而崖不枯。"学问、韬略藏于胸中，自然会行为举止不俗，气魄风格不凡。

卷阿（二） 大雅

凤皇于飞，翙翙其羽，亦集爰止。蔼蔼王多吉士，维君子使，媚于天子。
凤皇于飞，翙翙其羽，亦傅于天。蔼蔼王多吉人，维君子命，媚于庶人。
凤皇鸣矣，于彼高冈。梧桐生矣，于彼朝阳。菶菶萋萋，雝雝喈喈。
君子之车，既庶且多。君子之马，既闲且驰。矢诗不多，维以遂歌。

October
十月
20

> 凤皇于飞，翙翙其羽，亦傅于天
> 蔼蔼王多吉人，维君子命，媚于庶人。

天高高凤凰飞，百鸟纷纷紧相随，直上时空迎朝晖。周王身边贤士萃，听您命令不辞累，爱护人民行无亏。在这宏大的图景中，每一位贤士都如同追随凤凰的百鸟，心怀崇高的理想，共同谱写时代的华章。凤凰浴火，啼鸣撕破，命定的因果。往事相磨，烈焰吞没，可是一场解脱。

民劳（一） 大雅

民亦劳止，汔可小康。惠此中国，以绥四方。无纵诡随，以谨无良。
式遏寇虐，憯不畏明。柔远能迩，以定我王。
民亦劳止，汔可小休。惠此中国，以为民逑。无纵诡随，以谨惛怓。
式遏寇虐，无俾民忧。无弃尔劳，以为王休。

October
十月
21

民亦劳止，汔可小康。惠此中国，以绥四方。

人民实在太劳苦，但求可以稍安康。爱护京城老百姓，安抚诸侯定四方。在这片土地上，每一个生命的福祉都是国家的根本。几千年来，老百姓最大的期盼无非是生在一个四时和顺、政治清明、时和岁稔的太平盛世，能安居乐业，过上丰衣足食的日子。

民劳（二） 大雅

民亦劳止，汔可小息。惠此京师，以绥四国。无纵诡随，以谨罔极。式遏寇虐，无俾作慝。敬慎威仪，以近有德。

民亦劳止，汔可小愒。惠此中国，俾民忧泄。无纵诡随，以谨丑厉。式遏寇虐，无俾正败。戎虽小子，而式弘大。

民亦劳止，汔可小安。惠此中国，国无有残。无纵诡随，以谨缱绻。式遏寇虐，无俾正反。王欲玉女，是用大谏。

October
十月
22

无纵诡随,以谨缱绻 式遏寇虐,无俾正反
王欲玉女,是用大谏

选择欺骗与纵任,小人巴结别庇怠,掠夺暴行应制止,莫使政权滥施威。衷心爱戴您君王,大力劝谏为帮助。在这复杂的环境中,保持警惕和明智至关重要。小人无耻,重利轻死,不畏人诛,宜须物议。

板（一） 大雅

上帝板板，下民卒瘅。出话不然，为犹不远。
靡圣管管，不实于亶。犹之未远，是用大谏。
天之方难，无然宪宪。天之方蹶，无然泄泄。
辞之辑矣，民之洽矣。辞之怿矣，民之莫矣。
我虽异事，及尔同僚。我即尔谋，听我嚣嚣。
我言维服，勿以为笑。先民有言，询于刍荛。
天之方虐，无然谑谑。老夫灌灌，小子蹻蹻。
匪我言耄，尔用忧谑。多将熇熇，不可救药。

October
十月
23

上帝板板，下民卒瘅。出话不然，为犹不远。
靡圣管管，不实于亶。犹之未远，是用大谏。

上帝昏乱背离常道，下民受苦多病辛劳。说出话儿太不像样，做出决策没有依靠。无视圣贤刚愎自用，不讲诚信是非混淆。执政行事太没远见，所以要用诗来劝告。愿此生得以见贤君临朝，清明治世，法令如春雨润物，不偏不倚；万民乐业，五谷丰登，天下共赴太平盛世。

板（一） 大雅

天之方懠。无为夸毗。威仪卒迷，善人载尸。民之方殿屎，则莫我敢葵。丧乱蔑资，曾莫惠我师。

天之牖民，如埙如篪，如璋如圭，如取如携。携无曰益，牖民孔易。民之多辟，无自立辟。

价人维藩，大师维垣，大邦维屏，大宗维翰。怀德维宁，宗子维城。无俾城坏，无独斯畏。

敬天之怒，无敢戏豫。敬天之渝，无敢驰驱。昊天曰明，及尔出王。昊天曰旦，及尔游衍。

October
十月
24

敬天之怒，无敢戏豫。敬天之渝，无敢驰驱。
昊天曰明，及尔出王。昊天曰旦，及尔游衍。

敬畏上天的发怒警告，怎么再敢荒嬉逍遥。看重上天的变化示意，怎么再敢任性桀骜。上天意志明白可鉴，与你一起来往同道。上天惩戒无时不在，伴你一起出入游逛。在这变幻莫测的天意面前，我们必须保持谦卑和警醒。世间万物皆有定数，得到不一定是福，失去也未必是祸。

荡(一) 大雅

荡荡上帝,下民之辟。疾威上帝,其命多辟。
天生烝民,其命匪谌。靡不有初,鲜克有终。
文王曰咨,咨女殷商!曾是强御,曾是掊克,
曾是在位,曾是在服。天降滔德,女兴是力。
文王曰咨,咨女殷商!而秉义类,强御多怼。
流言以对。寇攘式内。侯作侯祝,靡届靡究。
文王曰咨,咨女殷商!女炰烋于中国,敛怨以为德。
不明尔德,时无背无侧。尔德不明,以无陪无卿。

October
十月
25

靡不有初，鲜克有终。

万事开头讲得好，很少能有好收场。涵养谦逊低调之风，激扬实干奉献精神，用汗水浇灌收获，以实干笃定前行，就能在时代的广阔舞台上绽放耀眼的光芒。愿我们在人生的旅途中，始终保持谦逊与坚韧，不畏艰难，勇往直前，最终实现自己的梦想。

荡(一) 大雅

文王曰咨,咨女殷商!天不湎尔以酒,不义从式。
既愆尔止,靡明靡晦。式号式呼。俾昼作夜。
文王曰咨,咨女殷商!如蜩如螗,如沸如羹。
小大近丧,人尚乎由行。内奰于中国,覃及鬼方。
文王曰咨,咨女殷商!匪上帝不时,殷不用旧。
虽无老成人,尚有典刑。曾是莫听,大命以倾。
文王曰咨,咨女殷商!人亦有言:颠沛之揭,枝叶未有害,本实先拨。
殷鉴不远,在夏后之世。

October
十月
26

颠沛之揭,枝叶未有害,本实先拨。

大树拔倒根出土,枝叶虽然暂不伤,树根已坏难久长。这不仅是对自然现象的描述,也是对人事兴衰的警示。愿我们在面对内外挑战时,都能保持清醒的头脑,团结一致,共同抵御风雨,守护好我们的根基。

抑（一） 大雅

抑抑威仪，维德之隅。人亦有言：靡哲不愚。庶人之愚，亦职维疾。哲人之愚，亦维斯戾。

无竞维人，四方其训之。有觉德行，四国顺之。訏谟定命，远犹辰告。敬慎威仪，维民之则。

其在于今，兴迷乱于政。颠覆厥德，荒湛于酒。女虽湛乐从，弗念厥绍。罔敷求先王，克共明刑。

肆皇天弗尚，如彼泉流，无沦胥以亡。夙兴夜寐，洒扫庭内，维民之章。

修尔车马，弓矢戎兵，用戒戎作，用遏蛮方。

质尔人民，谨尔侯度，用戒不虞。慎尔出话，敬尔威仪，无不柔嘉。

白圭之玷，尚可磨也；斯言之玷，不可为也！

October
十月
27

白圭之玷，尚可磨也；斯言之玷，不可为也！

白玉上面有污点，尚可琢磨除干净；开口说话出毛病，再要挽回也不成。"针尖下大扎人最疼，舌头无骨伤人最深。"无论你的心情多糟糕，处境多艰难，都不能对亲近的人恶言相向。说出去的话就像泼出去的水，夸赞别人的话可以脱口而出，可伤人的话一定要三思。

抑（二） 大雅

无易由言，无曰苟矣，莫扪朕舌，言不可逝矣。无言不雠，无德不报。
惠于朋友，庶民小子。子孙绳绳，万民靡不承。
视尔友君子，辑柔尔颜，不遐有愆。相在尔室，尚不愧于屋漏。
无曰不显，莫予云觏。神之格思，不可度思，矧可射思。
辟尔为德，俾臧俾嘉。淑慎尔止，不愆于仪。不僭不贼，鲜不为则。
投我以桃，报之以李。彼童而角，实虹小子。

October
十月
28

投我以桃，报之以李

人家送我一篮桃，我把李子来相报。在互惠互利的交往中，每一份付出都会得到相应的回报。你心里有别人，别人心里才会有你。当你体贴别人时，别人也会以最浓的善意回报你。人生是一场投桃报李的互动，你付出什么就会收获什么。

抑（三） 大雅

荏染柔木，言缗之丝。温温恭人，维德之基。
其维哲人，告之话言，顺德之行。其维愚人，覆谓我僭。民各有心。
於乎小子，未知臧否！匪手携之，言示之事。匪面命之，言提其耳。
借曰未知，亦既抱子。民之靡盈，谁夙知而莫成？
昊天孔昭，我生靡乐。视尔梦梦，我心惨惨。诲尔谆谆，听我藐藐。
匪用为教，覆用为虐。借曰未知，亦聿既耄！
於乎小子，告尔旧止，听用我谋，庶无大悔。天方艰难，曰丧厥国。
取譬不远，昊天不忒。回遹其德，俾民大棘！

October
十月
29

荏染柔木，言缗之丝　温温恭人，维德之基

又坚又韧好木料，制作琴瑟丝弦调。温和谨慎老好人，根基深厚品德高。每一分品德都如同琴瑟的丝弦，和谐共鸣。良好的品德，是为人处世的最佳通行证。"君子以厚德载物。"唯有人品端正，才能真正成就一番事业。

云汉(一) 大雅

倬彼云汉,昭回于天。王曰於乎:何辜今之人!天降丧乱,饥馑荐臻。
靡神不举,靡爱斯牲。圭璧既卒,宁莫我听!
旱既大甚,蕴隆虫虫。不殄禋祀,自郊徂宫。上下奠瘗,靡神不宗。
后稷不克,上帝不临。耗斁下土,宁丁我躬!
旱既大甚,则不可推。兢兢业业,如霆如雷。周余黎民,靡有孑遗。
昊天上帝,则不我遗。胡不相畏,先祖于摧?
旱既大甚,则不可沮。赫赫炎炎,云我无所。大命近止,靡瞻靡顾。
群公先正,则不我助。父母先祖,胡宁忍予!

扫码听音频

October
十月
30

倬彼云汉，昭回于天。

看那银河多么高远，白光闪亮回旋在天。在这片璀璨的星河中，每一颗星星都散发着独特的光芒。见过浪漫银河，却唯爱这一颗星星。在怦然心动中，变得温柔，馈尽所有。

云汉(二) 大雅

旱既大甚,涤涤山川。旱魃为虐,如惔如焚。我心惮暑,忧心如熏。群公先正,则不我闻?昊天上帝,宁俾我遁!

旱既大甚,黾勉畏去。胡宁瘨我以旱?憯不知其故。祈年孔夙,方社不莫。昊天上帝,则不我虞?敬恭明神,宜无悔怒。

旱既大甚,散无友纪。鞫哉庶正,疚哉冢宰。趣马师氏,膳夫左右。靡人不周,无不能止。瞻卬昊天,云如何里!

瞻卬昊天,有嘒其星。大夫君子,昭假无赢。大命近止,无弃尔成!何求为我,以戾庶正。瞻卬昊天,曷惠其宁!

October
十月
31

大命近止,无弃尔成!

死亡之期已经临近,不弃前功,不怕困难。在这生命的最后时刻,每一份坚持和努力都显得尤为珍贵。月光如水,我伫立在窗前,望着那片星海,心中泛起层层涟漪,既有对宇宙奥秘的敬畏,也有对人间烟火的眷恋。

November
十一月
拾壹

桑柔（一） 大雅

菀彼桑柔，其下侯旬。捋采其刘。瘼此下民，
不殄心忧。仓兄填兮！倬彼昊天，宁不我矜。
四牡骙骙，旟旐有翩。乱生不夷，靡国不泯。
民靡有黎，具祸以烬。於乎有哀，国步斯频！
国步蔑资，天不我将。靡所止疑，云徂何往？
君子实维，秉心无竞。谁生厉阶？至今为梗！
忧心殷殷，念我土宇。我生不辰，逢天僤怒。
自西徂东，靡所定处。多我觏痻，孔棘我圉！

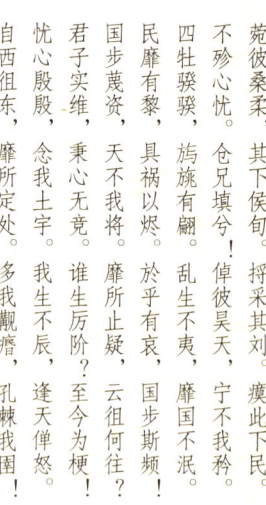

November
十一月
1

君子实维,秉心无竞。

君子总是在思索,持心不争意志强。点滴微光可成星海,没有一蹴而就的成功,只有厚积薄发的胜利,不是所有的坚持都有结果,但总有一些坚持,能从一片苍茫的暗夜里洞见万丈的光芒,能从一寸冰封的土壤里培育出怒放的蔷薇。

桑柔(二) 大雅

为谋为毖,乱况斯削。告尔忧恤,诲尔序爵。谁能执热,逝不以濯?其何能淑?载胥及溺。

如彼溯风,亦孔之僾。民有肃心,荓云不逮。好是稼穑,力民代食。稼穑维宝,代食维好。

天降丧乱,灭我立王。降此蟊贼,稼穑卒痒。哀恫中国,具赘卒荒。靡有旅力,以念穹苍。

维此惠君,民人所瞻。秉心宣犹,考慎其相。维彼不顺,自独俾臧,自有肺肠,俾民卒狂。

瞻彼中林,甡甡其鹿。朋友已谮,不胥以穀。人亦有言:进退维谷。

November
十一月
2

人亦有言：进退维谷。

人们也有这些话，进退两难真悲凉。在这人生的十字路口，每一步选择都充满了不确定和困惑。此刻见山非山，是明月初照碧川的波澜，是千般心事无人诉的怅然，是天光云影分隔不可相望的两岸。"世事如棋进退两难，一山有一山的遗憾。"

桑柔（三） 大雅

维此圣人，瞻言百里。维彼愚人，覆狂以喜。匪言不能，胡斯畏忌？
维此良人，弗求弗迪；维彼忍心，是顾是复。民之贪乱，宁为荼毒。
大风有隧，有空大谷。维此良人，作为式谷；维彼不顺，征以中垢。
大风有隧，贪人败类。听言则对，诵言如醉。匪用其良，覆俾我悖。
嗟尔朋友，予岂不知而作？如彼飞虫，时亦弋获。既之阴女，反予来赫。
民之罔极，职凉善背。为民不利，如云不克。民之回遹，职竞用力。
民之未戾，职盗为寇。凉曰不可，覆背善詈。虽曰匪予，既作尔歌。

扫码听音频

November
十一月
3

听言则对,诵言如醉。匪用其良,覆俾我悖。

好听的话就回答,听到诤言装醉样。贤良之士不肯用,反而视我为悖狂。在这复杂的人际关系中,每一份真诚和建议都可能被误解。修己以清心为要,涉世以慎言为先。

崧高（一）　大雅

崧高维岳，骏极于天。维岳降神，生甫及申。
维申及甫，维周之翰。四国于蕃，四方于宣。
亹亹申伯，王缵之事。于邑于谢，南国是式。
王命召伯，定申伯之宅。登是南邦，世执其功。
王命申伯：式是南邦。因是谢人，以作尔庸。
王命召伯：彻申伯土田。王命傅御：迁其私人。
申伯之功，召伯是营。有俶其城，寝庙既成。
既成藐藐，王锡申伯：四牡蹻蹻，钩膺濯濯。

扫码听音频

November
十一月
4

崧高维岳,骏极于天

巍峨的山峰以四岳为尊长,四岳之高峻可达九天之上!在这片壮丽的山川中,每一座山峰都承载着岁月的沉淀和自然的鬼斧神工。太阳是山的心脏,日光揉碎,覆在青山之巅,自此冬雪绝笔续新章。雪山会熠熠生辉,壮丽不朽的事会接踵而来。高山先成巍峨,方斩天地枷锁,虽饱受岁月沧桑,依然昂首仰望光之希冀。

崧高（一） 大雅

王遣申伯，路车乘马。我图尔居，莫如南土。锡尔介圭，以作尔宝。往近王舅，南土是保。

申伯信迈，王饯于郿。申伯还南，谢于诚归。王命召伯，彻申伯土疆。以峙其粻，式遄其行。

申伯番番，既入于谢，徒御啴啴。周邦咸喜，戎有良翰。不显申伯，王之元舅，文武是宪。

申伯之德，柔惠且直。揉此万邦，闻于四国。吉甫作诵，其诗孔硕，其风肆好，以赠申伯。

November
十一月
5

吉甫作诵,其诗孔硕,其风肆好,以赠申伯

　　尹吉甫特地创作这首颂歌,歌颂申伯的诗歌篇幅很长,为之谱写的曲调极妙绝佳,赠送给申伯让他美名传扬。在这悠扬的歌声中,每一个音符都承载着对申伯的敬仰与赞美。你学识渊博、才气逼人,这世间有你这样的人,真的是万物皆动情,江河皆仰目。

烝民(一) 大雅

天生烝民,有物有则。民之秉彝,好是懿德。天监有周,昭假于下。保兹天子,生仲山甫。
仲山甫之德,柔嘉维则。令仪令色,小心翼翼。古训是式,威仪是力。天子是若,明命使赋。
王命仲山甫:式是百辟,缵戎祖考,王躬是保。出纳王命,王之喉舌。赋政于外,四方爰发。
肃肃王命,仲山甫将之。邦国若否,仲山甫明之。既明且哲,以保其身。夙夜匪解,以事一人。

November
十一月
6

天生烝民，有物有则 民之秉彝，好是懿德

老天生下这些人，有形体，有法则 人的常性与生俱来，追求善美是其德。每个人都有其独特的价值和使命：一段寻常而坚定的守候，一句温柔而暖心的话语，一个果敢而勇毅的举动，那是凡人微光、星火成炬的辉映，是用一束光照亮另一束光，用一片云簇拥另一片云的写照，是"伟大出自平凡，平凡造就伟大"的书写

烝民（二） 大雅

人亦有言：柔则茹之，刚则吐之。维仲山甫，柔亦不茹，刚亦不吐。不侮矜寡，不畏强御。

人亦有言：德𬨎如毛，民鲜克举之。我仪图之，维仲山甫举之，爱莫助之。衮职有阙，维仲山甫补之。

仲山甫出祖，四牡业业，征夫捷捷，每怀靡及。四牡彭彭，八鸾锵锵。王命仲山甫，城彼东方。

四牡骙骙，八鸾喈喈。仲山甫徂齐，式遄其归。吉甫作诵，穆如清风。仲山甫永怀，以慰其心。

扫码听音频

November
十一月
7

人亦有言：德輶如毛，民鲜克举之

有句老话这样说：德行如同毛羽轻，很少有人能高举。在这句话中，蕴含着对道德修养的深刻认识。立德树人的人必先树己，铸魂培根的人必先铸己。

韩奕（一） 大雅

奕奕梁山，维禹甸之，有倬其道。韩侯受命，王亲命之：缵戎祖考，无废朕命。
夙夜匪解，虔共尔位，朕命不易。榦不庭方，以佐戎辟。
四牡奕奕，孔修且张。韩侯入觐，以其介圭，入觐于王。王锡韩侯，淑旂绥章，
簟茀错衡，玄衮赤舄，钩膺镂锡，鞹鞃浅幭，鞗革金厄。
韩侯出祖，出宿于屠。显父饯之，清酒百壶。其殽维何？炰鳖鲜鱼。
其蔌维何？维笋及蒲。其赠维何？乘马路车。笾豆有且，侯氏燕胥。

扫码听音频

November
十一月
8

缵戎祖考,无废朕命。
夙夜匪解,虔共尔位,朕命不易

继承你的先祖业,切莫辜负委重任。日日夜夜不懈怠,在职恭虔又谨慎,册命自然不变更。在这条传承与责任的道路上,每一步都需谨慎而坚定。关关难过关关过,前路灿灿亦漫漫。披星戴月走过的路,终将会繁华遍地。

韩奕（二） 大雅

韩侯取妻，汾王之甥，蹶父之子。韩侯迎止，于蹶之里。百两彭彭，八鸾锵锵，不显其光。诸娣从之，祁祁如云。韩侯顾之，烂其盈门。

蹶父孔武，靡国不到。为韩姞相攸，莫如韩乐。孔乐韩土，川泽訏訏，鲂鱮甫甫，麀鹿噳噳，有熊有罴，有猫有虎。庆既令居，韩姞燕誉。

溥彼韩城，燕师所完。以先祖受命，因时百蛮。王锡韩侯：其追其貊，奄受北国，因以其伯。实墉实壑，实亩实籍。献其貔皮，赤豹黄罴。

November
十一月
9

鲂鲂甫甫，麀鹿噳噳，有熊有罴，有猫有虎。

鳊鱼鲢鱼肥又大，母鹿小鹿聚一处。有熊有罴在山林，还有山猫与猛虎。在这片生机勃勃的大自然中，每一种生命都展现着自己的活力与美丽。开一方水土，赏一方天际，闻一林清静，与你看花开花落，任时光荏苒。

江汉(一) 大雅

江汉浮浮,武夫滔滔。匪安匪游,淮夷来求。既出我车,既设我旗。匪安匪舒,淮夷来铺。

江汉汤汤,武夫洸洸。经营四方,告成于王。四方既平,王国庶定。时靡有争,王心载宁。

江汉之浒,王命召虎:式辟四方,彻我疆土。匪疚匪棘,王国来极。于疆于理,至于南海。

扫码听音频

November
十一月
10

江汉浮浮,武夫滔滔。

长江汉水波涛滚滚,出征将士意气风发。在这壮阔的江面上,每一朵浪花都记录着历史的沧桑与英雄的豪情。飞行在长江之上,见证黄金水道的度量,发现江山搏击的壮美遗迹,聆听来自生灵的悠远回响。

江汉(二) 大雅

王命召虎：来旬来宣，文武受命，召公维翰。无曰予小子，召公是似。肇敏戎公，用锡尔祉。釐尔圭瓒，秬鬯一卣。告于文人，锡山土田。于周受命，自召祖考。虎拜稽首：天子万年！

虎拜稽首，对扬王休。作召公考，天子万寿！明明天子，令闻不已。矢其文德，洽此四国。

扫码听音频

November
十一月
11

肇敏戎公,用锡尔祉

全力尽心建立大功,因此赐你福禄无穷。在无上荣光里,每一次努力都得到了最好的回报。愿你从此旅程坦荡,衣襟带花,在未来的年年岁岁与前行的征途中肆意穿行,能摘自己的月亮和风月。祝此间静好,岁月长安。

常武(一) 大雅

赫赫明明,王命卿士,南仲大祖,大师皇父:整我六师,以脩我戎。既敬既戒,惠此南国。

王谓尹氏,命程伯休父:「左右陈行,戒我师旅,率彼淮浦,省此徐土。」不留不处,三事就绪。

赫赫业业,有严天子,王舒保作。匪绍匪游,徐方绎骚。震惊徐方,如雷如霆,徐方震惊。

November
十一月
12

整我六师,以脩我戎。

你要抓紧整顿我大周军队,要抓紧打造兵器准备动武。在这紧要的时刻,每一次准备都关乎国家的安危。金戈铁马涉千里,沙场点兵耀中华。军强国安,泱泱华夏,一撇一捺是脊梁。

常武(二) 大雅

王奋厥武,如震如怒。进厥虎臣,阚如虓虎。
铺敦淮濆,仍执丑虏。截彼淮浦,王师之所。
王旅啴啴,如飞如翰,如江如汉,如山之苞,如水之浟。
绵绵翼翼,不测不克,濯征徐国。
王犹允塞,徐方既来。徐方既同,天子之功。
四方既平,徐方来庭。徐方不回,王曰还归。

扫码听音频

November
十一月
13

四方既平,徐方来庭。徐方不回,王曰还归。

天下各地都已经河清海晏,徐国小君定当来朝拜进贡。徐国君臣再不起兵搞叛乱,大周天子班师回朝奏凯旋。五千年岁月长河已是过往,九百六十多万平方公里皆是希望。愿以寸心寄华夏,且将岁月赠山河。愿以吾辈之青春,捍卫盛世之中华。

瞻卬（一） 大雅

瞻卬昊天，则不我惠。孔填不宁，降此大厉。邦靡有定，士民其瘵。
蟊贼蟊疾，靡有夷届。罪罟不收，靡有夷瘳。
人有土田，女反有之。人有民人，女覆夺之。此宜无罪，女反收之。
彼宜有罪，女覆说之。
哲夫成城，哲妇倾城。懿厥哲妇，为枭为鸱。妇有长舌，维厉之阶。
乱匪降自天，生自妇人。匪教匪诲，时维妇寺。

November
十一月
14

此宜无罪,女反收之 彼宜有罪,女覆说之

这人原本无罪过,你却反目来拘捕。那人确是罪恶徒,你却放纵又宽恕。在这是非颠倒的世道中,正义显得尤为珍贵。择法律之纪纲,持正义之天平;涤人间之邪恶,守政法之圣洁;扛人文之旗帜,扬世界之文明。

瞻卬（二） 大雅

鞠人忮忒，谮始竟背。岂曰不极？伊胡为慝！
如贾三倍，君子是识。妇无公事，休其蚕织。
天何以刺？何神不富？舍尔介狄，维予胥忌。
不吊不祥，威仪不类。人之云亡，邦国殄瘁。
天之降罔，维其优矣。人之云亡，心之忧矣。
天之降罔，维其几矣。人之云亡，心之悲矣！
觱沸槛泉，维其深矣。心之忧矣，宁自今矣？
不自我先，不自我后。藐藐昊天，无不克巩。
无忝皇祖，式救尔后。

November
十一月
15

无忝皇祖,式救尔后。

切勿辱没你祖宗,拯救邦家为子孙。心怀大志,砥砺八方,每一代人都有其不可推卸的担当。山河犹在,国泰民安。愿以吾辈之青春护卫盛世之中华。吾辈定当铭记历史,不忘初心,砥砺前行。

召旻 大雅

旻天疾威，天笃降丧。瘨我饥馑，民卒流亡。我居圉卒荒。

天降罪罟，蟊贼内讧。昏椓靡共？溃溃回遹，实靖夷我邦。

皋皋訿訿，曾不知其玷。兢兢业业，孔填不宁，我位孔贬。

如彼岁旱，草不溃茂，如彼栖苴。我相此邦，无不溃止。

维昔之富不如时？维今之疚不如兹。彼疏斯粺，胡不自替，职兄斯引？

池之竭矣，不云自频？泉之竭矣，不云自中？溥斯害矣，职兄斯弘，不灾我躬。

昔先王受命，有如召公，日辟国百里。今也日蹙国百里。於乎哀哉！维今之人，不尚有旧。

November
十一月
16

池之竭矣，不云自频？泉之竭矣，不云自中？

池水枯竭非一天，岂不开始在边沿？泉水枯竭源头断，岂不开始在中间？在这渐变的过程中，每一个细微的变化都预示着最终的结果。合抱之木，生于毫末；九层之台，起于累土；千里之行，始于足下。民之从事，常于几成而败之，慎终如始，则无败事。

清庙 周颂

於穆清庙,肃雝显相。
济济多士,秉文之德。
对越在天,骏奔走在庙。
不显不承,无射于人斯。

November
十一月
17

不显不承，无射于人斯。

光辉显耀后人承，仰慕之情永无穷。每一代人都在前人的基础上继续前行，仰望历史的天空，家国情怀，熠熠生辉，跨越时间的长河，家国情怀，绵绵不断。从历史到现实，家国的书写，大我的境界，始终激励着人们勇毅前行。

维天之命　周颂

维天之命，於穆不已。
於乎不显，文王之德之纯！
假以溢我，我其收之。
骏惠我文王，曾孙笃之。

扫码听音频

November
十一月
18

假以涵养,我其收之

嘉美之德使我慎,我们永远要继承。美德传万代,每一代人都应保持敬畏与自律。严于律己,就要知行合一、表里如一,让严与实成为人生厚重的底色。

维清 周颂

维清缉熙,文王之典。肇禋,迄用有成。维周之祯。

November
十一月
19

> 维清缉熙,文王之典
> 肇禋,迄用有成,维周之祯

只有清明才光明,文王典章指路灯。伟功开始于西土,最终基业开创成。这是周家的祥祯。当那鲜红的旗帜冉冉升起,我站在骄阳下,望着那氤氲的天空,一抹中国红映照我的脸庞,行走在漫漫的时光中,我知道,那是光,照进来的方向。

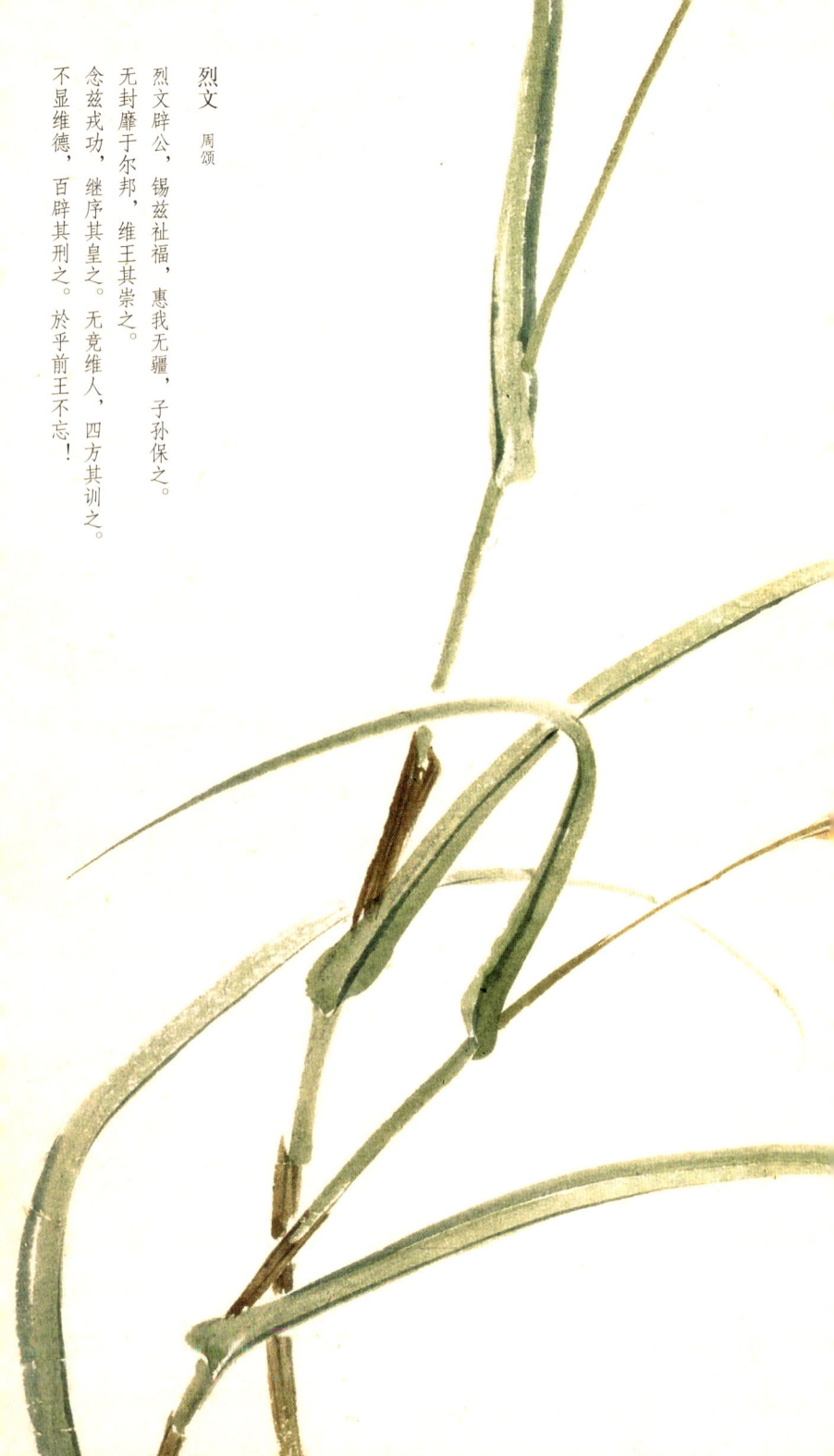

烈文 周颂

烈文辟公,锡兹祉福,惠我无疆,子孙保之。
无封靡于尔邦,维王其崇之。
念兹戎功,继序其皇之。无竞维人,四方其训之。
不显维德,百辟其刑之。於乎前王不忘!

November
十一月
20

无竞维人，四方其训之。
不显维德，百辟其刑之。於乎前王不忘！

国强莫过有贤才，四方才会来归降。先祖伟大在美德，诸君应当为榜样，先王典范永不忘！"功以才成，业由才广。"志存高远的人，往往拥有澎湃的家国情怀、远大的理想抱负，自觉将报效祖国与实现人生价值紧密联结在一起，在大有可为的新时代，发挥才智、绽放光彩。

天作　周颂

天作高山,大王荒之。彼作矣,文王康之。
彼徂矣,岐有夷之行,子孙保之。

November
十一月
21

彼徂矣,岐有夷之行,子孙保之。

民众奔往岐山旁,岐山大道坦荡荡,子孙永保这地方。在这片充满希望的土地上,每一步都踏出了未来的方向。追风赶月莫停留,平芜尽处是春山。愿我们在追求梦想的路上,始终保持坚定的步伐,不畏艰难,勇往直前,最终到达心中的春山。

昊天有成命 周颂

昊天有成命,二后受之。
成王不敢康,夙夜基命宥密。
於缉熙!单厥心,肆其靖之。

November
十一月
22

於维熙！单质心，肆其靖之。

多么光明，多么辉煌！竭虑殚精保天命，国家太平民安宁。在光明与辉煌中，每一次努力都为了国家和人民的福祉。碧血洒边陲，青山埋忠骨，忠诚儿女忠诚志；丹心卫祖国，翠柏伴英魂，英雄时代英雄人。

我将

周颂

我将我享,维羊维牛,维天其右之。仪式刑文王之典,日靖四方。伊嘏文王,既右飨之。我其夙夜,畏天之威,于时保之。

November
十一月
23

我其夙夜，畏天之威，于时保之。

我们早晚勤努力，遵循天道畏天威，才能保佑我周邦。在不懈的努力和敬畏中，每一步都坚实有力。每一次跌倒都是向成功迈进的一步，只有不断尝试，才能拥抱最灿烂的明天。无论路途多么艰难，请相信，阳光总在风雨后。

时迈 周颂

时迈其邦,昊天其子之。实右序有周,薄言震之,莫不震叠。
怀柔百神,及河乔岳。允王维后!
明昭有周,式序在位。载戢干戈,载櫜弓矢。
我求懿德,肆于时夏。允王保之!

November
十一月
24

我求懿德,肆于时夏,允王保之!

讲求美好的道德,遍施中国各地方,周王永保国兴旺!何为美德?它栽种于人山人海之中,生长于普通人的心中,它不动声色地去感染他人,就似那天生丽质的香料,人们起初不曾认识它的美妙,随手弃之,而当闻过它燃烧时所散发的味道,人们才会真正明白它的价值。

执竞

周颂

执竞武王,无竞维烈。不显成康,上帝是皇。
自彼成康,奄有四方,斤斤其明。
钟鼓喤喤,磬筦将将。降福穰穰。降福简简,威仪反反。
既醉既饱,福禄来反!

November
十一月
25

钟鼓喤喤,磬筦将将,降福穰穰

敲钟打鼓声洪亮,击磬吹管乐悠扬。天降多福帝所赐。在这和谐的乐声中,每一份祝福都显得格外真诚与美好。箫鼓追随春社近,衣冠简朴古风存。从今若许闲乘月,拄杖无时夜叩门。愿我们在生活的每一个瞬间,都能感受到这份宁静与美好,享受简单而纯粹的幸福。

思文 周颂

思文后稷,克配彼天。
立我烝民,莫匪尔极。
贻我来牟,帝命率育。
无此疆尔界,陈常于时夏。

November
十一月
26

貽我來牟，帝命率育 无此疆尔界，陈常于时夏

你把麦种赐给我们，天命用它来供养。不分彼此和疆界，遍及中国。在这片广袤的土地上，每一颗麦粒都承载着生命的希望与传承。世上没有神仙，也无须立庙，因为每一缕升起的炊烟，都是飘自人间的怀念。

臣工

周颂

嗟嗟臣工,敬尔在公。王厘尔成,来咨来茹。
嗟嗟保介,维莫之春,亦有何求?如何新畬?
於皇来牟,将受厥明。明昭上帝,迄用康年。
命我众人:庤乃钱镈,奄观铚艾。

November
十一月
27

於皇来牟,将受厥明 明昭上帝,迄用康年。

今年麦子长势好,秋天将有好收成。光明无比的上苍,赐我丰收好年景。在这片金黄的田野上,每一颗麦穗都承载着农民的汗水与希望。五颜六色的果实挤满枝头,秋收的喜悦溢出屏幕。取一抹稻谷瓜果的颜色,画一片鲜艳灿烂的秋景。

噫嘻

周颂

噫嘻成王!既昭假尔。
率时农夫,播厥百谷。
骏发尔私,终三十里。
亦服尔耕,十千维耦。

November
十一月
28

噫嘻成王！既昭假尔。率时农夫，播厥百谷。
骏发尔私，终三十里。亦服尔耕，十千维耦。

　　成王轻声感叹作祈告，我已招请过先公先王。我将率领这众多农夫去播种那些百谷杂粮。田官们推动你们的耜，在三十里田野上，大力配合你们的耕作，万人耦耕结成五千双。每一粒种子都寄托着人们的希望与梦想。远处的稻田已经金黄一片，放眼望去，尽是秋天的浪漫和丰收的喜悦。

振鷺　周頌

振鷺于飞，于彼西雝。
我客戾止，亦有斯容。
在彼无恶，在此无斁。
庶几夙夜，以永终誉。

November
十一月
29

> 振鹭于飞，于彼西雍。

一群白鹭冲天起，西边泽畔任意翔。它们的翅膀划过天空，留下一串串自由的音符，在空中久久回荡。山川湖海，日出日落，都是大自然的馈赠；三五好友，人间烟火气，也都是生活的小确幸。

丰年　周颂

丰年多黍多稌,亦有高廪,万亿及秭。
为酒为醴,烝畀祖妣,以洽百礼,降福孔皆。

November
十一月
30

丰年多黍多稌，亦有高廪，万亿及秭。

丰收年景谷物多，高大粮仓一座座。在这片丰饶的土地上，每一粒粮食都凝聚了农人的辛勤与汗水。泽草所生，种之芒种，始于热爱，结于丰盈。

December
十二月
拾贰

有瞽 周颂

有瞽有瞽,在周之庭。
设业设虡,崇牙树羽。
应田县鼓,鞉磬柷圉。
既备乃奏,箫管备举。
喤喤厥声,肃雍和鸣,先祖是听。
我客戾止,永观厥成。

December
十二月
1

既备乃奏，箫管备举 喤喤厥声，肃雍和鸣，
先祖是听 我客戾止，永观厥成

乐器齐备就演奏，箫管一齐都奏响 众乐交响声洪亮，肃穆
和谐声悠扬，先祖神灵来欣赏 诸位宾客都来到，乐曲奏完齐赞赏
在这和谐美好的氛围中，每一曲乐章都凝聚了人们的智慧与情感
宴客登楼，相见八方人赞美，百年国藏；前簪把盏，感怀四款酒
弥准，一品天香

潜

周颂

猗与漆沮,潜有多鱼。
有鳣有鲔,鲦鲿鰋鲤。
以享以祀,以介景福。

December
十二月
2

　　猗与漆沮，潜有多鱼。有鳣有鲔，鲦鲿鰋鲤。
以享以祀，以介景福。

　　美好漆水和沮水，多种鱼类在栖息。有那鳣鱼和鲔鱼，还有鲦鲿和鰋鲤。用来祭祀献祖先，求得福祉永绵延。在这片富饶的水域中，每一条鱼都象征着自然的恩赐与生命的延续。敬告天地，日月星辰，愿我族永世繁荣，国家昌盛，人民安康，年年风调雨顺，五谷丰登。

雝　周颂

有来雝雝，至止肃肃。相维辟公，天子穆穆。於荐广牡，相予肆祀。假哉皇考，绥予孝子。宣哲维人，文武维后。燕及皇天，克昌厥后。绥我眉寿，介以繁祉。既右烈考，亦右文母。

扫码听音频

December
十二月
3

假哉皇考,绥予孝子。宣哲维人,文武维后。

伟大光明的先父,安抚孝子的心灵。臣子个个明道理,君主文武全能行。在这份庄严与和谐中,智慧和力量都汇聚成国家的繁荣与稳定。一方净土,三炷清香,神明偏爱,万事顺遂。多喜乐,长安宁,岁无忧,有可期。

载见 周颂

载见辟王,曰求厥章。龙旂阳阳,和铃央央。鞗革有鸧,休有烈光。率见昭考,以孝以享。以介眉寿,永言保之。思皇多祜,烈文辟公,绥以多福,俾缉熙于纯嘏。

扫码听音频

December
十二月
4

> 龙旂阳阳，和铃央央。鯈革有鸧，休有烈光。

蛟龙旗帜随风扬，车上和铃响叮当。马辔铜饰光灿灿，美丽饰物闪光芒。在这壮观的场景中，每一声铃响都仿佛在诉说自由与荣耀。世界那么大，总要感受自由的味道。每一次驰骋，都是一次逃离城市喧嚣的契机。

有客

周颂

有客有客,亦白其马。
有萋有且,敦琢其旅。
有客宿宿,有客信信。
言授之絷,以絷其马。
薄言追之,左右绥之。
既有淫威,降福孔夷。

扫码听音频

December
十二月
5

有客宿宿,有客信信

客人已经住两天,再多住几天增感情。在这短暂的相聚中,每一分每一秒都充满了温暖与欢乐。一个人的生命,我以为,是一半儿活在朋友中的

武 周颂

於皇武王,无竞维烈。
允文文王,克开厥后。
嗣武受之,胜殷遏刘,耆定尔功。

December
十二月
6

> 於皇武王,无竞维烈。

啊!伟大的武王我的先祖,您的丰功伟绩没有人超过!怀着崇高的敬意,每一代人都铭记着先祖的光辉事迹。山岗上,祭英魂而神伤;青松下,承遗志而昂扬;泪滴落,万言悲怆化苍凉;思英魂,心间浓情寄四方。历史书太小,装不下他们的伟大,我们随手一翻,就是他们的一生。

闵予小子 周颂

闵予小子,遭家不造,嬛嬛在疚。
於乎皇考!永世克孝。
念兹皇祖,陟降庭止。
维予小子,夙夜敬止。
於乎皇王,继序思不忘。

December
十二月
7

闺中少妇,愁家不透,误嫁在妝

可怜我年三十岁,新嫁丈夫真苦病,孤独无援他神仲。在这
突如其来的打击中,每一分悲伤都显得尤为沉重。论杂一世,他
陪良春尽万家灯火,散尽万家灯火,我执至却沉默。

访落　周颂

访予落止：率时昭考。
於乎悠哉，朕未有艾。
将予就之，继犹判涣。
维予小子，未堪家多难。
绍庭上下，陟降厥家。
休矣皇考，以保明其身。

December
十二月
8

将予就之,继犹判涣。

纵有群臣来相助,犹恐闪失欠妥当。满怀敬畏之心,每一步决策都需深思熟虑。慎易以避难,敬细以远大。

敬之 周颂

敬之敬之,天维显思,命不易哉。
无日高高在上,陟降厥士,日监在兹。
维予小子,不聪敬止。
日就月将,学有缉熙于光明。
佛时仔肩,示我显德行。

December
十二月
9

无曰高高在上,陟降厥士,日监在兹。

休说苍天高在上,使人贤士下上朝、时刻监视明秋毫。时刻警惕与警醒,每一言每一行都需谨慎而正直。事在人为,休言万般皆是命;境由心造,退后一步天地宽。

小毖 周颂

予其惩而毖后患。
莫予荓蜂,自求辛螫。
肇允彼桃虫,拼飞维鸟。
未堪家多难,予又集于蓼。

December
十二月
10

予其惩而毖后患　莫予荓蜂，自求辛螫

我必须深刻吸取教训，作为免除后患的信条：不再轻视小草和细蜂，受毒被螫才知道烦恼。要深刻地反思，每一点小小的疏忽都可能带来意想不到的后果。天下难事，必做于易；天下大事，必做于细。无论目标多么宏伟，都必须从最基础的细节着手。

载芟(一) 周颂

载芟载柞,其耕泽泽。
千耦其耘,徂隰徂畛。
侯主侯伯,侯亚侯旅,侯强侯以。
有嗿其馌,思媚其妇,有依其士。
有略其耜,俶载南亩,播厥百谷,实函斯活。

December
十二月
11

载芟载柞,其耕泽泽。千耦其耘,徂隰徂畛。

拔掉野草除树根,田头翻耕松土壤。千人并肩齐耕耘,洼地坡田都前往。在这片繁忙的田野上,所有人的汗水凝聚成了集体的力量,共享荣辱,共担责任,协同作战,这是伙伴间的默契,让每个人的优势汇聚成不可战胜的力量。这就是老人所说的众手浇开幸福花,众人拾柴火焰高。

载芟(二) 周颂

驿驿其达,有厌其杰。
厌厌其苗,绵绵其麃。
载获济济,有实其积,万亿及秭。
为酒为醴,烝畀祖妣,以洽百礼。
有飶其香,邦家之光。
有椒其馨,胡考之宁。
匪且有且,匪今斯今,振古如兹。

扫码听音频

December
十二月
12

> 有椒其馨，胡考之宁。

献祭椒酒香喷喷，祝福老人常安康。在这温馨的时刻，每一滴酒都凝聚着对老人的深深祝福：万事如意、晚年幸福、吉祥如意、后福无疆、事事顺心、幸福长伴。

良耜 周颂

畟畟良耜,俶载南亩。播厥百谷,实函斯活。
或来瞻女,载筐及筥,其饟伊黍。
其笠伊纠,其镈斯赵,以薅荼蓼。荼蓼朽止,黍稷茂止。
获之挃挃,积之栗栗。其崇如墉,其比如栉,以开百室。
百室盈止,妇子宁止。杀时犉牡,有捄其角。
以似以续,续古之人。

December
十二月
13

百室盈止,妇子宁止。

各个粮仓都装满,妇女儿童心神怡。在这丰收的季节,每一个笑脸都洋溢着幸福与满足。人间烟火,最抚凡人心,生活不只诗和远方,还有眼前的农活,日落而归,忙而流汗,喜时收粮,一分耕耘一分收获,岁稔年丰令人欣喜,丰收答卷来之不易。

丝衣 周颂

丝衣其纻,载弁俅俅。
自堂徂基,自羊徂牛,鼐鼎及鼒。
兕觥其觩,旨酒思柔。
不吴不敖,胡考之休。

December
十二月
14

丝衣其紑，载弁俅俅。

丝制祭服白又净，戴冠样式第一流。在这庄重的仪式中，每一件祭服都象征着纯洁与敬意。我向上苍许愿，希望我爱的人，诸邪避退，百事无忌，平安喜乐，万事胜意。

酌

周颂

於铄王师,遵养时晦。
时纯熙矣,是用大介。
我龙受之。蹻蹻王之造,载用有嗣,实维尔公允师。

December
十二月
15

於铄王师,遵养时晦 时纯熙矣,是用大介
我龙受之,蹻蹻王之造 载用有嗣,实维尔公允师

英勇威武的王师,挥兵东征灭殷商 周道光明形势好,故有死士佐周王 有幸承受天之宠,勇武之士投武王 武王用他去伐商,为国立功美名扬 在这段光辉的历史中,每一位勇士的付出都值得铭记 他们从风雨中走来,倒在了泥泞中,后来人踏着他们走出的路,奔赴黎明

桓 周颂

绥万邦,娄丰年,天命匪解。
桓桓武王,保有厥士,
于以四方,克定厥家。
於昭于天,皇以间之?

December
十二月
16

绥万邦，娄丰年，天命匪解。

安抚天下诸侯国，连年丰收好景象。在这片安宁与富饶的土地上，每一个角落都充满了和谐与希望。我于群山之巅，见祖国山河风景无限，我在红旗之下，五星闪烁，光芒耀眼，看今朝河清海晏，祝颂祖国，辉煌岁岁年年。

赉　周颂

文王既勤止,我应受之,
敷时绎思,我徂维求定。
时周之命,於,绎思!

扫码听音频

December
十二月
17

敬时绎思,我狙维求定

扩展基业永不停,矢志不移谋安定。勇敢前行,每一步都朝着更加美好的未来迈进。欣逢盛世当不负盛世,五千年岁月征途已是过往,今朝灯火盈满天才是希望。家国同庆,金秋颂扬,唯愿祖国圆梦辉煌。

般

周颂

於皇时周,陟其高山,隳山乔岳,允犹翕河。敷天之下,裒时之对,时周之命。

December
十二月
18

陟其高山,嶧山乔岳,允犹翕河。

登上巍巍高山上,高山小丘相连绵,千支万流入河涧。自然景观如此壮丽,每一处景色都让人心旷神怡。山岚似织,林泉响韵,山居岁月,观云卷云舒,感四季更替,方寸之地,即是桃源。

駉

鲁颂

駉駉牡马,在坰之野。
薄言駉者:有骄有皇,以车彭彭。
思无疆,思马斯臧。
駉駉牡马,在坰之野。
薄言駉者:有骓有駓,以车伾伾。
思无期,思马斯才。
駉駉牡马,在坰之野。
薄言駉者:有骍有骐,以车绎绎。
思无斁,思马斯作。
駉駉牡马,在坰之野。
薄言駉者:有驒有骆,以车祛祛。
思无邪,思马斯徂。

December
十二月
19

驷驷牡马,在坰之野

群马高大又健壮,放牧广阔原野上 广袤的草原上,骏马在自由驰骋,展现生命的活力与奔放。我纵骏马终生漂泊,饮风雪入眠,踏破雪山迷踪,那传播古老咒语的土地是离上苍最近的地方。

有驷

鲁颂

有驷有驷,驷彼乘黄。夙夜在公,在公明明。
振振鹭,鹭于下。鼓咽咽,醉言舞。于胥乐兮!
有驷有驷,驷彼乘牡。夙夜在公,在公饮酒。
振振鹭,鹭于飞。鼓咽咽,醉言归。于胥乐兮!
有驷有驷,驷彼乘駰。夙夜在公,在公载燕。
自今以始,岁其有。君子有穀,诒孙子。于胥乐兮!

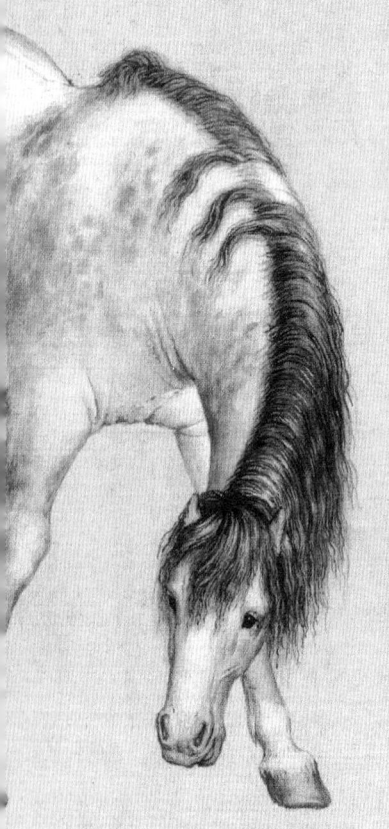

December
十二月
20

振振鹭,鹭于下 鼓咽咽,醉言舞 于胥乐兮!

白鹭一群向上蓊,渐收羽翼身下俯 鼓声咚咚响不停,趁着醉意都起舞,一起乐啊心神舒!在这欢快的氛围中,所有人都沉浸于美好的时光 天空予飞鸟自由,飞鸟予人间温柔 人生如流云,世事同飞鸟,鸟来同欢乐,鸟尽归自然

泮水（一） 鲁颂

思乐泮水，薄采其芹。鲁侯戾止，言观其旂。
其旂茷茷，鸾声哕哕。无小无大，从公于迈。
思乐泮水，薄采其藻。鲁侯戾止，其马蹻蹻。
其马蹻蹻，其音昭昭。载色载笑，匪怒伊教。
思乐泮水，薄采其茆。鲁侯戾止，在泮饮酒。
既饮旨酒，永锡难老。顺彼长道，屈此群丑。
穆穆鲁侯，敬明其德。敬慎威仪，维民之则。
允文允武，昭假烈祖。靡有不孝，自求伊祜。

December
十二月
21

思乐泮水,薄采其芹

泮水令人真愉快,来此采摘水芹菜。在这片宁静的水域边,每一片叶子都充满了生机与活力。山河平静辽阔,无一点贪嗔痴爱,而我们匆匆忙忙,都还在路上。

泮水(二)

鲁颂

明明鲁侯,克明其德。既作泮宫,淮夷攸服。
矫矫虎臣,在泮献馘。淑问如皋陶,在泮献囚。
济济多士,克广德心。桓桓于征,狄彼东南。
烝烝皇皇,不吴不扬。不告于讻,在泮献功。
角弓其觩,束矢其搜。戎车孔博,徒御无斁。
既克淮夷,孔淑不逆。式固尔犹,淮夷卒获。
翩彼飞鸮,集于泮林。食我桑黮,怀我好音。
憬彼淮夷,来献其琛。元龟象齿,大赂南金。

December
十二月
22

翩彼飞鸮,集于泮林。食我桑黮,怀我好音。

翩翩而飞猫头鹰,泮水边上栖树林。吃了我们的桑葚,回报我们好声音。在这和谐的自然画卷中,所有生命都找到了自己的位置。万物苏萌山水醒,地暖春郊已遍青。春暖花开,山河远阔,人间烟火。恰逢春日,一田黄金,一面春光。

閟宫(一)　鲁颂

閟宫有侐，实实枚枚。赫赫姜嫄，其德不回。上帝是依，无灾无害。
弥月不迟，是生后稷。降之百福：黍稷重穋，稙稚菽麦。
奄有下国，俾民稼穑。有稷有黍，有稻有秬。奄有下土，缵禹之绪。
后稷之孙，实维大王。居岐之阳，实始翦商。
至于文武，缵大王之绪。致天之届，于牧之野。
无贰无虞，上帝临女。敦商之旅，克咸厥功。
王曰叔父，建尔元子，俾侯于鲁。大启尔宇，为周室辅。

扫码听音频

December
十二月
23

黍稷重穋，稙稚菽麦

降下糜子谷子种稑，还有豆麦各种谷米。在这片肥沃的土地上，每一颗种子都孕育着未来的希望。大自然是温柔的晚风，是迷人的彩霞，是潺潺的溪水，也是那悦耳的鸟鸣。

闷宫（二） 鲁颂

乃命鲁公，俾侯于东。锡之山川，土田附庸。
周公之孙，庄公之子。龙旂承祀，六辔耳耳。
春秋匪解，享祀不忒。皇皇后帝，皇祖后稷。
享以骍牺，是飨是宜，降福孔多。周公皇祖，亦其福女。
秋而载尝，夏而楅衡。白牡骍刚，牺尊将将。毛炰胾羹，笾豆大房。
万舞洋洋，孝孙有庆。俾尔炽而昌，俾尔寿而臧。
保彼东方，鲁邦是常。不亏不崩，不震不腾。三寿作朋，如冈如陵。
公车千乘，朱英绿滕，二矛重弓。公徒三万，贝胄朱綅，烝徒增增。
戎狄是膺，荆舒是惩，则莫我敢承。俾尔昌而炽，俾尔寿而富。
黄发台背，寿胥与试。俾尔昌而大，俾尔耆而艾。万有千岁，眉寿无有害。

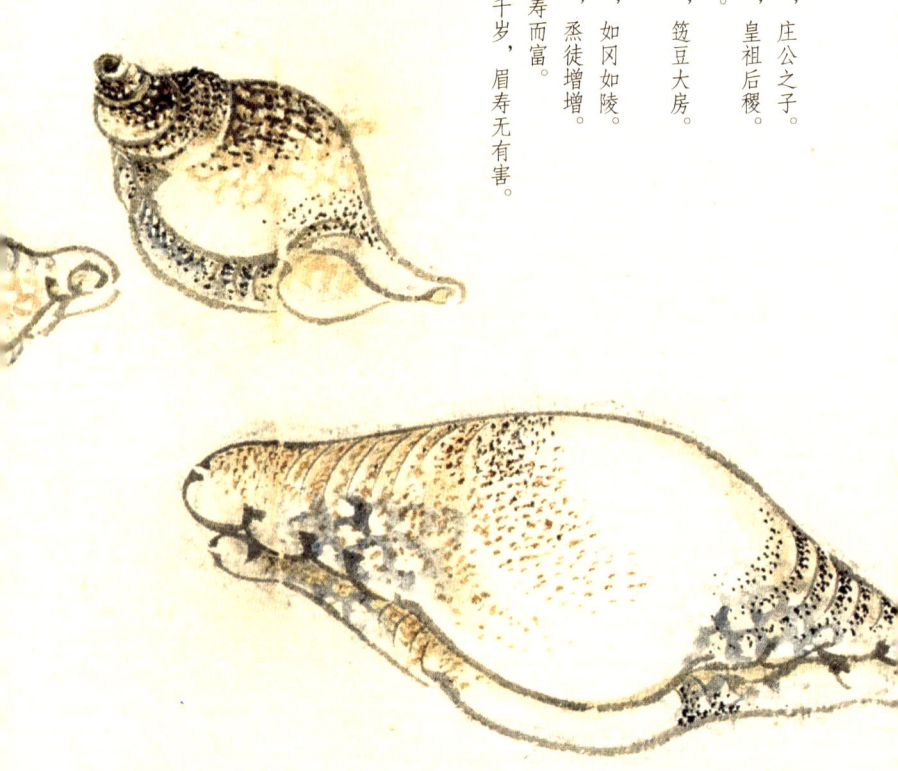

December
十二月
24

不亏不崩,不震不腾 三寿作朋,如冈如陵。

山不缺损也不崩溃,水不震激也不动荡。有上中下三寿比拼,犹如巍峨峰峦山冈。在这片稳定的天地间,每一处风景都显得格外宁静与美好。山高路远,看世界,也找自己。走走停停,或雨或晴,没关系,都是好风景。

闷宫(三) 鲁颂

泰山岩岩,鲁邦所詹。奄有龟蒙,遂荒大东。
至于海邦,淮夷来同。莫不率从,鲁侯之功。
保有凫绎,遂荒徐宅。至于海邦,淮夷蛮貊。
及彼南夷,莫不率从。莫敢不诺,鲁侯是若。
天锡公纯嘏,眉寿保鲁。居常与许,复周公之宇。
鲁侯燕喜,令妻寿母。宜大夫庶士,邦国是有。
既多受祉,黄发儿齿。
徂来之松,新甫之柏,是断是度,是寻是尺。
松桷有舄,路寝孔硕,新庙奕奕。
奚斯所作,孔曼且硕,万民是若。

December
十二月
25

徂徕之松,新甫之柏

徂徕山上青松郁郁,新甫山上翠柏葱葱。在这片绿意盎然的山林中,每一棵树都在诉说着岁月的故事。山川湖海在你眼中,云烟岛屿置于我心。若你踏碎山河踽踽独行,我愿温柔缱绻伴你走过。

那 商颂

猗与那与,置我鞉鼓。
奏鼓简简,衎我烈祖。
汤孙奏假,绥我思成。
鞉鼓渊渊,嘒嘒管声。
既和且平,依我磬声。
於赫汤孙,穆穆厥声。
庸鼓有斁,万舞有奕。
我有嘉客,亦不夷怿。
自古在昔,先民有作。
温恭朝夕,执事有恪。
顾予烝尝,汤孙之将。

December
十二月
26

自古在昔,先民有作。温恭朝夕,执事有恪。

在那遥远的古代,先民行止有法度,早晚温文又恭敬,祭神祈福见诚笃。在这古老的虔诚中,每一份祭礼都寄托着人们对未来的美好愿望:顺遂无虞,皆得所愿。

烈祖 商颂

嗟嗟烈祖，有秩斯祜。
申锡无疆，及尔斯所。
既载清酤，赉我思成。
亦有和羹，既戒既平。
鬷假无言，时靡有争。
绥我眉寿，黄耇无疆。
约𫐄错衡，八鸾鸧鸧。
以假以享，我受命溥将。
自天降康，丰年穰穰。
来假来飨，降福无疆。
顾予烝尝，汤孙之将。

扫码听音频

December
十二月
27

自天降康,丰年穰穰。来假来飨,降福无疆。

平安康宁从天降,丰收之年满囷粮。先祖之灵请尚飨,赐我大福绵绵长。秋天,自在的风吹拂黄埔,穿过茂密的枝叶,追赶收获的季节。南岗河多了一分亮丽妩媚,清澈的水面倒映着秋的金黄,就像一副写意的水墨,让时光在这片天地间停留。

玄鸟 商颂

天命玄鸟,降而生商。宅殷土芒芒。
古帝命武汤,正域彼四方。
方命厥后,奄有九有。
商之先后,受命不殆,在武丁孙子。
武丁孙子,武王靡不胜。
龙旂十乘,大糦是承。
邦畿千里,维民所止,肇域彼四海。
四海来假,来假祁祁,景员维河。
殷受命咸宜,百禄是何。

December
十二月
28

邦畿千里,维民所止。

国土疆域上千里,百姓居处得平安。在这片辽阔的土地上,每一个角落都充满了和谐与安宁。一岁一追思,缅怀先人,致敬英雄。在生命的最后一刻,他们把最后一次心跳献给祖国,换来了我们如今的国泰民安。

长发（一） 商颂

濬哲维商，长发其祥。洪水芒芒，禹敷下土方。
外大国是疆，幅陨既长。有娀方将，帝立子生商。
玄王桓拨，受小国是达，受大国是达。率履不越，遂视既发。相土烈烈，海外有截。
帝命不违，至于汤齐。汤降不迟，圣敬日跻。昭假迟迟，上帝是祗，帝命式于九围。

December
十二月
29

洪水芒芒，禹敷下土方。外大国是疆，幅陨既长。

上古时候洪水茫茫，大禹平治天下四方。远方之国均为疆土，幅员广阔而又绵长。在这片古老而辽阔的土地上，每一条河流、每一片山川都见证了无数英雄的伟业。四季风平，山河无恙，日升月落，烟火寻常，这就是祖国最美好的模样。

长发(二) 商颂

受小球大球,为下国缀旒,何天之休,不竞不絿。
不刚不柔,敷政优优,百禄是遒。
受小共大共,为下国骏厖。何天之龙,敷奏其勇。
不震不动,不戁不竦,百禄是总。
武王载旆,有虔秉钺。如火烈烈,则莫我敢曷。
苞有三蘖,莫遂莫达。九有有截,韦顾既伐,昆吾夏桀。
昔在中叶,有震且业。允也天子,降予卿士。实维阿衡,实左右商王。

December
十二月
30

不震不动,不戁不竦,百禄是总。

既不震恐也不动摇,既不惧怯也不惊扰,千百福禄都会来到。在坚定与平和中,每一份安宁都带来了无尽的福气。万物各有所归,人生亦是,随遇而安,顺其自然,方能体会生命的和谐之美。

殷武 商颂

挞彼殷武,奋伐荆楚。罙入其阻,裒荆之旅。有截其所,汤孙之绪。

维女荆楚,居国南乡。昔有成汤,自彼氐羌,莫敢不来享,莫敢不来王,曰商是常。

天命多辟,设都于禹之绩。岁事来辟,勿予祸适,稼穑匪解。

天命降监,下民有严。不僭不滥,不敢怠遑。命于下国,封建厥福。

商邑翼翼,四方之极。赫赫厥声,濯濯厥灵。寿考且宁,以保我后生。

陟彼景山,松柏丸丸。是断是迁,方斫是虔。松桷有梴,旅楹有闲,寝成孔安。